“漂亮”的失败是另一种成功

徐军 著

中国人口出版社
China Population Publishing House
全国百佳出版单位

图书在版编目（CIP）数据

“漂亮”的失败是另一种成功 / 徐军著. -- 北京：中国人口出版社, 2017.1
ISBN 978-7-5101-4808-8

Ⅰ.①漂… Ⅱ.①徐… Ⅲ.①成功心理—通俗读物
Ⅳ.①B848.4-49

中国版本图书馆CIP数据核字（2016）第285734号

“漂亮”的失败是另一种成功

徐　军　著

出版发行	中国人口出版社
印　　刷	三河市明华印务有限公司
开　　本	787 毫米 × 1092 毫米　1 / 16
印　　张	15
字　　数	180千字
版　　次	2017 年 1 月第 1 版
印　　次	2017 年 1 月第 1 次印刷
书　　号	ISBN 978-7-5101-4808-8
定　　价	39.80元

出 版 人	邱　立
网　　址	www. rkcbs. net
电子信箱	rkcbs@126. com
总编室电话	（010）83519392
发行部电话	（010）83530809
传　　真	（010）83519401
地　　址	北京市西城区广安门南街 80 号中加大厦
邮　　编	100054

前言 Preface

如果说失败是跌倒在地，那么成功就是重新站立；

如果说失败是寒冷的黑夜，那么成功就是温暖的黎明；

如果说失败是春天的播种，那么成功就是秋天的收获。

有人遭遇了失败，从此一蹶不振；有人却大胆宣言：“失败是成功的开始！”

有人被巨石挡道停步不前，有人却把巨石当成奋进的阶梯。

有人哀叹冬天的寒冷、岁月的流逝，有人却高颂：“冬天来了，春天还会远吗？”

是的，失败并不可怕，可怕的是没有战胜失败的勇气。有人痛恨失败，他却不知“漂亮的失败是另一种成功”。

失败是一个大熔炉，把天真炼为成熟，把脆弱炼为坚强，把不谙世事炼为老成持重，把鲁莽行事炼为沉稳谨慎。“宝剑锋从磨砺出，梅花香自苦寒来”，有了失败的存在才能对照出成功的丽影，所以，是失败成就了你。

然而，令人遗憾的是，受成功学的影响，人们把更多的目光放在了成功上。尽管，我们也常说不以成败论英雄，还说失败乃成功之母，许多道理都是成败对举，但着眼点其实都是成功，讲得更多的是成功。

事实上，从一种过程、一种思维方式、一种实事求是的态度而言，充分地关注失败更有意义。

纵观中外历史，许多杰出的人物，许多名垂青史的成功者，人生的成败，并不是得益于旗开得胜的顺畅、马到成功的得意，反而是漂亮的失败造就了他们，如司马迁、项羽、岳飞、袁崇焕等大名鼎鼎的人物，不都是因为失败才在历史上留下辉煌的吗？！像这样例子数不胜数，所以说，成功是英雄，失败得漂亮，同样也是英雄。

而且，我们应该认识到，失败的意义有时候比成功更大，或者可以说，有很多成功，是建立在失败的基础上的，也就是我们常说的“失败是成功之母”。

失败固然会给人带来痛苦，但也能使人有所收获；它既给我们指出工作中的错误、缺点，又启发我们逐步走向成功。失败既是针对成功的否定，又是成功的基础。失败更能磨炼人的意志，激发人们走向成功的信心，使人迎难而上，更进一步。

所以，不要怕失败，即便失败了，但只要我们奋斗过、拼搏过，没有什么可以后悔的了，那么，我们的失败就是“漂亮”的，就是另一种成功。

《“漂亮”的失败是另一种成功》一书，通过独特的视角，将失败这个让人们“畏之如虎”的词进行重新解构，让你在面对青春的迷茫、就业的压力、人生的复杂时，始终胸怀满满的积极能量，最终成就最好的自己。

相信在阅读本书后，你对失败、对成功乃至对人生都会有一个更准确的认识，从而活出更加美好的未来。

目录

Contents

第二章 用心享受过程，就是最漂亮的结果

第三章 成功获得自信，失败获得自觉

第四章 不敢失败，才是人生最大的失败

第五章 有一种成功，叫作体面并有尊严地输

第六章　有一种智慧，叫作“许败不许胜”

第七章　生活相对论：有时，失败也是一种幸福

第八章 你可以暂时不成功，但不能一直不成长

第九章 永远不要抱怨，生活从不会刻意亏欠谁

第十章 扛得住失败，世界就是你的

第十一章 不要因为走得太远，而忘了自己为什么出发

第十二章 学会取悦自己，去过更有趣的生活

第一章

我们都该补一补失败这堂课

东方人说“失败乃成功之母”；西方人称“失败教会成功”。成功的原因有千千万万，失败的原因却并不多，少听些成功学，多补补失败这堂课。

有一种“毒药”，它叫成功学

成功学本无过错，但当它上升为绝对真理般的、人人奉行的主流价值观时，成功学就成了一粒毒药，而信奉成功学的人，就容易迷失方向。

现在的社会中，大多数人都在追求成功，成功学也因此成为了“香饽饽”。几乎所有的成功学都无一例外地向人们灌输这样的人生信条：“人只有两种：成功者和失败者。”这已经渗透到了社会的各个角落：所有的企业，不管是私企、国企还是外企，都削尖了脑袋要抢占行业第一；所有的父母，不管是离婚的还是没有离婚的，都希望自己的孩子赢在起跑线；所有的图书，不管是原版还是山寨的，都在教我们怎样一步一步爬上成功的顶峰；所有的选秀节目，不管是电视上还是网络上的，都在宣扬一夜成名，从此名利双收的神话……成功了，你就是这个世界的主宰；失败了，那么，对不起，你不但是个 Loser，还是个连自己也无法原谅的罪人，罪名就是：你竟然还没有成功！

一次，我去朋友的公司，在电梯中听到这样一段对话：

“陈老师上次讲的什么课啊？

“怎样在半年内赚到 100 万。”

“不是吧！太可惜了，我没有听到。”

“没关系，过几天还有一个分享会，陈老师会和他的弟子一起来和我们分享成功心得。”

这样的事在各大城市都在上演，很多现代人最想做的事情就是：通过一次培训或经验分享会，就可以“在半年内赚到 100 万”，即便能赚到 50 万、20 万，那也算收获丰厚。

像这样的成功学，以速成为诱饵，以名利为药效，误导急于走捷径获取成功的年轻人投身其中，投机成瘾。在这种成功学的逻辑中，如果你没有赚到豪宅、名车，不能年入百万，如果你没有成为众人羡慕的成功人士，就证明你不行，你犯了“不成功罪”！

但是，这种成功真的是我们需要的吗？谁敢断定没有赚到钱的人生就是没有价值的人生？

我曾读过这样一个故事：美国汽车大王福特曾经十分欣赏一个年轻人，并想帮助这个年轻人实现自己的梦想。可当这个年轻人说出自己的梦想后，福特却吃了一惊：他一生最大的愿望就是赚到 1000 亿美元——超过福特当时财产的 100 倍。

福特不禁好奇地问他：“你要那么多钱做什么？”

年轻人犹豫了一下，说：“说实话，我也不知道要做什么，我只是觉得只有那样才算是真正的成功。”

福特语重心长地说：“一个人拥有那么多钱，其实不一定是好事，没准还会威胁到整个世界。我认为你应该再考虑考虑。”

在此后五年的时间里，福特没有再见过这个年轻人。直到有一天他们又见面时，年轻人告诉福特，他想创办一所大学，已经有了 10 万美元，还缺少 10 万美元。此时，福特决定向他伸出援助之手，因为他知道，这个年轻人已经找对了方向。

再之后，经过 8 年的努力，年轻人终于实现了自己的愿望，他就是著名的伊利诺伊大学的创始人本·伊利诺伊。

所以,我想说的是,现在社会上流行的成功学讲的其实并不是真正的成功。成功跟财富没有必然的联系，不是你非要赚到了多少钱才能算是成功。成功是一种自我进步和自我实现的状态和过程，不断地实现既定的目标和自己的价值，做自己喜欢做的事情，能自食其力，对社会有所贡献，并能过自己想过的生活，那就是成功!

失败是现代人的一门必修课

一个人，假如一直处于“成功”的状态，逐渐就会变得麻木，如同温水中的青蛙，觉得一切都是理所当然。而时常降临的失败则是一个很好的提醒，可以让你从“失败”这门必修课里得到某些受益终生的启发。

某主持人曾采访过一位企业家，问他喜欢雇用什么样的司机。这位企业家的回答出乎很多人的意料，他说自己喜欢用出过车祸的司机。为什么？因为出过车祸的司机比其他人更懂得安全驾驶的重要性。这位主持人当时对企业家的答案还不是很赞同，但随着时间的推移、人生经验的丰富，他越来越觉得这些话有道理：“司机都是新的猛，越老越谨慎，因为刚开车的时候天不怕、地不怕，没经历过失败，觉得一切尽在掌握。当你自己刮了、撞了，亲眼目睹甚至亲身经历过糟糕的事故，就会越来越谨慎，越来越小心，越来越懂得安全驾驶的重要性。”

在一个电视节目上看到一场小学生演讲比赛，小选手们摩拳擦掌，家长们出谋划策。因为是预选赛，输者将直接被淘汰出局，因此现场的气氛剑拔弩张。看到孩子们争先恐后的面孔，我突然间觉得这样的设计太过残酷：这么小的孩子，却要如临大考般地接受未知命运的折磨。

第一个上台演讲的是一个漂亮的小姑娘，她的妈妈就坐在观众席。小姑娘明显有些怯场，背好的演讲词念得断断续续，表情也很紧张，尽管评委们对她鼓掌以示鼓励，但小姑娘最终还是失败了，没能进入下一轮比赛。

演讲比赛结束后，按照规定，所有参赛选手均要在比赛结束前上台谢幕，无论是输还是赢，因为学校要培养孩子们坚毅的品格。

这时，镜头转向了那个小姑娘，她正坐在化妆区的椅子上，而她的妈妈正在为她梳头、化妆。小姑娘问妈妈：“人家都走了，我们也走吧。我不要零花钱了，因为今天演讲失败了。” 妈妈笑了，没有一点儿沮丧：“一会儿还要谢幕呢！上台的时候别慌，优雅些，举止大方得体，要穿着最漂亮的衣服上台谢幕。”这位妈妈只字未提失败的字眼，小女孩的脸上也毫无失望的表情。等到最后上台时，她竟然第一个冲上了舞台，笑得比成功的选手还要甜美。

看到这里，我敢说，虽然未进入复赛，但她的笑容与漂亮，已经成了当晚绝对的主角。

我十分敬佩这位妈妈的教育方式，让孩子从小就学习失败这门课程，潇洒、从容地面对自己的失败。

是的，与成功一样，失败也是现代人的必修课。如果没有经历过失败，你就永远也不会知道成功的意义。人生就是一条弯曲的路，许多人会在拐角处被失败绊倒，一蹶不振，丧失再去追寻幸福的勇气。失败并不可怕，可怕的是被失败击垮而丧失勇气。所以，要想得到成功与幸福，就要勇敢地去学习失败这门课。

不是劝你接受失败，而是教你正视失败

认识和学习失败，目的并不是接受失败，而是要正视失败，活用失败，让失败为成功服务。

人生不如意事十之八九。生活中遇到失败的次数要远远高于遇到成功的次数，而人往往是从多次失败的经历中获得经验，进而收获成功，所以人们常说：“艰难困苦，玉汝于成”“失败是成功之母”。

实践也证明，“从成功中学得少，从失败中学得多”。纵观古今成大事、立大业者，其人生历练往往是一场艰辛的修炼过程。他们的成功往往是累积失败的经验得来的。曾国藩、丘吉尔、乔布斯……他们都曾经失败过，而且败得很惨。然而，他们之所以伟大，正是因为其经历过惨痛的失败。

失败本身并不可怕，可怕的是失败得没有价值。一个人虽然失败了，但如果他能总结失败的教训，知道自己为什么失败，从失败中寻找出成功的方法，那么，失败对他来说就是无价之宝，比成功的经验还重要。

大发明家爱迪生在试制电灯灯丝的过程中，曾经试验了几千种材料。有人说他失败了几千次，他说：“不，起码我知道几千种材料不能用作灯丝。”对于这样伟大的发明家来说，同样一项试验，从这个角度来看可能是失败，从另一角度来看则可能是成功。甚至还可以说，失败正是在为成功铺路。

可口可乐的发明就是源于一次配方失败，X 光的发现也是源于一次试验失败，这些成果之所以能从失败中诞生，是因为参与者对失败进行了寻根究底的追问。他们搞清楚了为什么失败，就找到了成功的方法。

要想在失败中总结经验，首先必须有承认失败的勇气，坦诚面对和正视失败，然后才是活用失败。

“失败乃成功之母”虽然是我们从小就接受的一种训导，但事实上还是有很多人把失败同丢“面子”联系在一起，认为失败是可耻的，不敢正视失败。在这一点上，我们应该向西方人学习。在西方文化中，尊重失败是大多数人的成功心得。

2004 年，美国科学院院长布鲁斯·艾尔伯兹在访华期间应邀为《科技日报》的读者撰文。他这样写道：“在我来华访问期间，多次有人让我解释‘美国的科学为什么能取得如此辉煌的成就’。答案可能多种多样，但人们容易忽视这样一个影响因素，那就是美国社会尊重失败。美国人尊重那些渴望成功、努力挑战困难的人，即使他们输得蓬头垢面；对于那些优秀而雄心勃勃的计划，即使偶尔失败了，也不以为耻。科学要探索，就会有失败。”

日本和田一夫先生的事迹就是一个从失败中获取成功的生动例子。

和田一夫出生在日本静冈县，全家人靠一家蔬果小店维持生计。和田一夫为自己获得的成就感到骄傲。但他表示，自己的成功并不是一帆风顺的，他也经历过两次较大的失败。

在他 21 岁的时候，他经历了第一次失败。当时，他家的蔬果店被大火烧毁了，他们一家不得不露宿街头。不过，这次失败促使他把烧成平地的约 330 平方米土地拿去抵押，借钱买了块土地建起了超级市场，结果开创了日本八佰伴超市。

他经历第二次失败是在 1976 年。当时，受世界石油危机影响，巴西八佰伴被迫关门，和田一夫的海外拓展之路遭遇严重挫折。从这次失败的经历中，他领悟到不应该死守一个地方太长时间，要大胆调动资金，分散资产。后来，八佰伴果真从东南亚“流通”到中国。

和田一夫之所以能成就一番事业，就是因为他在人生道路上经得起失败，在“退回到原处”后不懈地追求进取，追求成功。如今，谁还会讥讽和田先生是一位“失败者”？

所以，我认为，一个人一旦有了敢于面对失败的心态，继而又有了善于积极进取的精神，那离成功就不会太远了。即使他会有一时的失败，也终会有“东山再起”之日。

难以避免的失败与可以避免的失败

> 搞清楚失败的性质，从失败中总结经验、积累知识，用以指导现在的行动并预测将来，努力不犯同样的错误。这，就是失败学的精髓。

失败一般分为两种，一种是在遭遇未知之事时，即使充分注意也难以避免的失败，即意想不到的失败。遭遇这种失败，要能从中认真总结经验，并依然能保持前进的步伐。另一种是不该失败的失败，如不负责任、心不在焉所导致的失败，这种失败是完全可以避免的。

在互联网领域，微软一直都是行业的佼佼者，其创始人比尔·盖茨更是富可敌国，曾长期占据全球首富宝座。2002 年，微软想买下一家由几个大学生创办并刚刚开始发展的互联网公司。盖茨派出专人去和这家公司谈判，可让他万万没想到的是，这家刚刚成立的公司竟然开价 20 亿美元。“这家公司还没有盈利，却要价 20 亿！这些孩子疯了！”于是盖茨终止了收购提议。可事实上，你知道吗？盖茨拒绝的这家公司叫 Google，是现在互联网领域唯一可以和微软抗衡的巨头。

如果你觉得这是特例，那你就错了。Twitter 是目前世界上最火爆的微博互动平台。据数据统计，Twitter 全球注册账号总数已经超过 2 亿。《纽约时报》称，Twitter 现在的市值是 200 亿美元。而在 Twitter 刚刚兴起的时候，就有人建议一家公司收购 Twitter，价格仅仅是象征性的 1 美元，可是这家公司拒绝了，理由是：像 Twitter 这样的网站，没有任何的投资价值。就在这家公司拒绝收购 Twitter 后的几年，有家公司计划以 100 亿美元的价格收购 Twitter。你知道这家公司的名字吗？它就是 Google。

互联网的巨头都经历过这样的失败，差点错过让自己一本万利的生意。可如今，微软和 Google 依然是互联网的巨头。为什么呢？就是因为这种失败是意想不到的失败，可以从中吸取经验教训，并提示自己不断发展自身，属于好的失败。

我们再来看看“可以避免的失败”。

我有一位后辈，且称之为 A 君。他给我讲过他的一段职场经历。

5 年前，A 君在一家营销策划公司工作。一次，他的一位朋友找到他，说他们公司想做一个小规模的市场调查。朋友说，这个市场调查很简单，他自己再找两个人就完全能做，希望 A 君出面把业务接下来，然后由他去运作，最后的市场调查报告由 A 君把关。当然了，他会给 A 君一笔费用。

这确是一项很小的业务，没什么大的问题。调查报告出来后，A 君很明显地看出其中的“水分”，但他只是做了些文字加工和改动，就把它交了上去。

就在去年的某一天，几位朋友拉 A 君组成一个项目小组，一起去完成北京新开业的一家大型商城的整体营销方案。不料，对方的业务主管明确提出对 A 君的印象不好，原来这位先生正是当年那项市调项目的委托人。

因果循环，A 君目瞪口呆，也无从解释。

这件事给 A 君以极大的刺激。现在回过头来看，他的这次职场失败完全可以避免，当时他得到的那点钱根本就不值一提，但就是为了这点钱，他竟给自己造成如此之大的负面影响！

这就是典型的“可以避免的失败”。

现实生活中，搞清楚失败的性质非常重要。对待“难以避免的失败”，我们要积极看待，从中吸取经验教训，进而让失败向好的方向转化。对于“可以避免的失败”，则必须严格要求自己，做到不再犯。

学会利用失败，失败就是最漂亮的成功

既然失败是不可避免的，那么就让我们勇敢地去挑战它，去利用失败，化腐朽为神奇，使失败成为我们成功之路上启迪和前进的动力，这才是聪明人的做法。

人类社会的发展无时无刻不是与失败相依相伴、形影相随的。因此，如何认识、对待和利用失败，并转败为胜，也就成了一个重要的课题。不会利用，那失败就是单纯的失败；利用得好，失败也可以是最漂亮的成功。

在微信上看到一个很好的案例，可以为此提供很好的启示：

李璞璘是中国人民大学的研究生，毕业后，和其他同学一样，她很快就成为求职大军中的一员。

名校背景，硕士文凭，让初出校门的李璞璘对自己的职业前景充满了信心。可万万没想到，第一次应聘，她就遭遇了“滑铁卢”。

之后，李璞璘先后又进行了 20 多次求职，但结果都是铩羽而归。天生不服输的她并没有放弃，只是，在求职之余，她也开始总结自己的失败，并试图从中寻求新的出路。

一天，在逛图书大厦时，李璞璘无意中看到了成功学这个区域。在这个区域，摆的都是教人如何成功之类的书籍，包括求职的、经商的，可她发现，唯独没有“求职失败学”之类的读物。李璞璘突然灵光一闪，心想：自己求职失败的经历这么多，这其中的经验，本身就是一笔巨大的财富，如果把它们写出来，给其他求职者一些启发和帮助，应该会有广阔的读者市场。更重要的是，这样一来，还能快速有效地宣传自己，让有缘的猎头看到并且被打动，从而顺利找到工作，那不是一举两得吗？

想到这里，李璞璘兴奋极了，并马上开始着手这项计划。从2013年4月27日起，她开始把自己求职失败的惨痛经历在博客上进行连载，并起名为《“我为什么没有拿到offer”的10个故事》。真实的故事、幽默的语言、实用的建议、深入的分析，让她博客的点击率短短几天就突破了两万。此后，看李璞璘博客的人越来越多，大家甚至把她的博客当成了日常讨论的论坛。

网上的热闹很快就带来了现实的热闹，一时间，新浪等各大知名网站纷纷邀请李璞璘去做节目，让其讲授求职真经。让李璞璘意想不到的是，由于博客浏览量的快速暴涨，她引起了某知名互联网公司人力资源主管的注意，并最终被该公司高薪录用。

在人生的道路上，李璞璘的成功并不是什么特殊的个案。我们每个人都可能会遇到失败，可事实上这些失败本身就是最宝贵的财富，只是没有人在意而已。如果你能总结失败的经验教训，进而利用失败，那么你一样会把失败转化为漂亮的成功。

谁的成长不曾经历失败

一个人成长的过程，是一个不断在失败中寻找与把握机会的过程。没有失败就无所谓成功，没有遭遇过挫折和失败的人生是不丰富的人生，就像白开水，纯净却没有味道。

有一次，我和妻子回她农村的家里看老丈人，发现自家玉米地的玉米长得很矮小。我觉得这是一个向老丈人献殷勤的机会，便买了化肥，挑起粪桶准备施肥，却被老丈人阻止了。老丈人说，这叫“控苗”。玉米在发芽的时候，要旱上一段时间，让它深扎根，以后才能长得旺，才能抵御大风大雨。

老丈人说的是种玉米的道理，但我认真想了想，这何尝不是告诉我们成长的道理：年轻时苦一点，经受一点儿挫折与失败，没关系，它只会让人多一点儿阅历，长一点儿见识，并因此坚强起来，去追求自己的成功。所谓，不经历风雨，怎么见彩虹，说的也是这个道理。

年轻时，史蒂夫·汉克就梦想着当一名歌手。参军后，他买到了自己有生以来第一把吉他。空闲的时候，他开始自学弹吉他，并练习唱歌。他在这方面很有天赋，很快就能自弹自唱，并开始创作歌曲。

服役期满后，汉克开始努力实现当一名歌手的梦想，可他没能很快成功——没人请他唱歌，他去应聘电台音乐主持也失败了。最后，他只能靠挨家挨户推销生活用品维持生计。不过，他并没有放弃音乐，他找了几个志同道合的朋友，组建了一个小乐队，在小镇上巡回演出。

后来，他录制的一张专辑为他的音乐事业打开了局面，这张专辑一经推出，就成功登顶音乐榜，获得了大量乐迷的喜爱，唱片公司也开始来找他……他成了一个明星。

但是，汉克的音乐之路并未就此一帆风顺。他开始沾染上一些恶习——酗酒、服用催眠镇静药和刺激性药物。他的恶习日渐严重，以致失去了对自己的控制能力。最后，因酗酒而引起的一场交通事故，他被送进了监狱。

当他刑满出狱的时候，监狱的一位长官对他说："史蒂夫·汉克，我今天要把你的钱和麻醉药都还给你，因为你比别人更明白你能充分自由地选择自己想干的事。看，这就是你的钱和药片，你现在就把这些药片扔掉吧，不然，你就继续麻醉自己，毁灭自己。你选择吧！"

在经历了巨大的挫折后，汉克选择了相信生活，选择了继续音乐事业。他找到他的私人医生。医生不太相信他，认为他很难改掉吃麻醉药的坏毛病。

汉克把自己锁在卧室闭门不出，一心一意地要戒掉毒瘾，为此他忍受了巨大的痛苦，还经常做噩梦。后来在回忆这段往事时，他说，自己总是昏昏沉沉，好像身体里有许多玻璃球在膨胀，突然一声爆响，只觉得全身布满了玻璃碎片。

当时摆在他面前的，一边是麻醉药的引诱，另一边是音乐梦想的召唤。结果，梦想占了上风。8 个星期以后，他又恢复到原来的样子了，睡觉不再做噩梦，并努力实现自己的梦想。之后，他重返舞台，再次引吭高歌。他不停息地奋斗，最终成为享誉乐坛的超级歌星。

在成长路上，无论是谁，都会遭遇失败与挫折的考验。在经历了考验之后，能够像汉克这样，战胜挫折与失败的人，才能获得最终的成功。

一个人在失败和挫折中成长，就好比鲜活的植物生长在腐朽的土壤中。土壤也许腐朽，但它可以为植物提供营养；失败固然可怕，但它可以增强我们的智慧和勇气，进而使我们能创造更多的机会。我们只有以平和的心态面对失败和考验，才能真正成熟并有所收获。而那些失败和挫折，都将成为我们生命中的无价之宝。

别掩饰失败，那只会招致更大的失败

真正聪明的人，不仅善于寻求成功，更能勇敢面对失败，不去掩饰失败，因为他们知道，掩饰失败只会招致更大的失败。

许多人不愿承认自己的失败，这是一种正常反应。对大多数人来说，承认失败无疑是一件很丢脸的事情。可事实上，能承认自己失败的人，往往会得到别人的谅解，并给人以勇于负责的良好印象。

1912年，美国总统罗斯福在新泽西州的一个小镇集会上做演讲。当他讲到女子也应该踊跃参加选举时，听众中忽然有人大声喊道：“总统先生！这句话和你五年前的意见不是大相径庭了吗？” 对此，罗斯福不是回避或者掩饰，而是聪明地回答道：“可不是吗！五年前，我确实另有一种主张，现在我已深悟我那时的主张是不对的！”

罗斯福的这种坦白、忠实、诚恳、亲切的回答，使问话的人获得了满意的答复。其他听众也丝毫未觉察出他有什么不安的情绪。

沈从文第一次走上讲台的时候，除了原班的学生之外，慕名而来听课的人也很多。面对台下座无虚席渴盼知识的学子，这位大作家竟然紧张得一句话也说不出来。过了好一会儿，他慢慢平静下来，并开始讲课；可原先准备好要讲授一个课时的内容，被他三下五除二仅仅在10分钟内就讲完了。

同学们自然纳闷：这离下课时间还早呢，剩下的时间该怎么办？

很有自知之明的沈从文，没有找借口来硬撑“面子”，而是拿起粉笔在黑板上工工整整地写道：“今天是我第一次上课，人很多，我害怕了。”

这句老实可爱的“坦言失败”的话刚刚写完，立刻引起同学们一阵善意的欢笑和掌声……

胡适深知沈从文的学识、潜力和为人，在听说这次讲课的经过后，他不仅没有批评，反而不无幽默地说：“沈从文的第一次上课成功了！”

敢于承认失败，当然不是随机应变的智慧，但它具有比智慧更加诱人的魅力。

敢于承认失败不仅能给别人留下良好印象，也有利于自己获得更大的成功。

我们每个人都会失败，这并不可怕，可怕的是采取以“死不认账”的态度来掩饰失败，而掩饰失败恰恰会招致更大的失败。

第二章

用心享受过程，就是最漂亮的结果

人生在世，贵在珍惜。只有那些懂得珍惜生命，且用心享受过程的人，才更容易充实自我、取悦自我、幸福自我，让生命画出美好的弧线，流彩于天上人间。

决定人生的是过程，而非结果

如果说过程是十月怀胎，那结果就是一朝分娩。假如没有十月怀胎的孕育，又何来迎接新生的喜悦呢？

现实生活中，大多数人都看重“结果”，以结果论成败。在这些人看来，没有好的结果，过程就没价值、没意义。比如，上没上过大学，找没找到好工作，有没有一个好配偶，挣没挣到大钱等等，都是人们非常在意的“结果”。

在这里，我并不是要否认这些说法。的确，如果从学业到事业，从友情到爱情，从人际到生活，都弄得一团糟，没有好的“结果”，自然就不能说活得成功、过得幸福。

但是，如果我们只盯着“结果”，只为“结果”而活，忽略了“过程”，那么不仅很可能得不到自己想要的结果，更可怕的是可能会把自己整个人生都浪费掉。

我们必须明白，人生，其实就是一个“过程”。如果要说结果，那只有一个结果最明确——死亡。

人生，如果省去所经历的挫折、苦难，只留下美好，那将是多么乏味？生命从此没有了惊喜、喜悦！那我们的生命到底还有什么意义？活着又为了什么呢？

一个人的一生就是一个“过程”，加深对这个“过程”的认识和了解非常重要。遗憾的是，不少的人并不知道或不懂得“过程”的重要，而是只注重结果。甚至有的人，从来不把平时的“过程”当回事，光想要结果，不想要“过程”。

有人曾说：“像谈恋爱，不能说：‘我就缺个老婆，你干不干？’得先谈风花雪月，谈理想，谈未来，而实际你就缺一个老婆。”虽然你想要的是一个老婆，但如果省去了前面风花雪月的过程，也就没有之后相伴厮守的生活。这样直接的“好结果”你还认为好吗？

其实，好的结果，其意义在于引导一个实现它的好的过程，也在于开创新的更好的过程。比如，你想娶一个好媳妇，不光在于娶到她的那一刻感到快乐，更在于在娶到她后的长长的过程中感到幸福。

有一位哲学老师给学生们上课，第一堂课讲“目的”的重要性，第二堂课讲“过程”的意义，第三堂课让学生们选择要“过程”还是要“目的”。有少数学生选择了“过程”。他们的解释是，因为“过程”中有很多精彩。

不管是事业、爱情还是亲情，要知道乐趣全在过程里面，而目的只是在长长的过程之后一秒钟的高潮。如同登山，登顶那一刻固然可以狂喜，但攀登的过程也是能让人感到充实和快乐的。其实无论在山腰还是在山顶，都有美丽的风景。山顶并不比山腰的景色美，另外，在山腰至少还有一种向上的动力，一种向上的期望。人们总希望攀到顶峰，然而最美的风景不一定在山顶上。

人越明白“过程”的重要，就越能感受出“过程”的趣味。钟爱“过程”的人，不管遇到什么样的困难，不管吃多大的苦，受多少的累，他们都能坦然面对，怡然自得，心静如水。因为在他们看来，无论什么事情，不管结果如何，只要自己亲自经历了、参与了、付出了，就已经“享受”了，就已经知足了。至于结果怎样，那是别人评价和看待的事。

另外，往往越是注重“过程”不注重“结果”的人，越是不仅“过程”美好，而且“结果”更佳；而越是注重“结果”不注重“过程”的人，越是不仅“过程”糟糕，而且“结果”更差。这就是“过程”决定了人生的道理。你想有个好人生，首先要有好“过程”。

对于过分注重“结果”的人，我建议可以转移一下注意力，变注重“结果”为注重“过程”。如此，我们就会发现生命过程中脚下的每一步中都蕴含着应该享受的幸福。

总之，请你牢牢地记住：“过程决定人生”。人生制胜的关键是“过程”，而非“结果”。

人生就像一场旅行，不必在乎目的地

把握眼前的境遇，珍惜当下的幸福，享受过程的乐趣，守住当下的快乐，是人生的大智慧。

有句话说得好，“人生就像一场旅行，不必在乎目的地，在乎的是沿途的风景”。是的，如果我们过于看重结果，就会忽略了过程中的快乐。当我们忙忙碌碌、疲于奔命时，路上的景色再美，我们也无心瞧上一眼，日子就会在索然寡味中一天天逝去。这显然是无趣的人生。反之，如果我们在“旅途”中能欣赏身边的景致，生命一定会因此而灿烂。

我在读希腊神话时，被其中一个人物深深打动，他就是西西弗。

西西弗因犯了错而受到天帝宙斯的惩罚，让他把一块石头推到山顶。

西西弗接受了惩罚，可在他历经千辛万苦，将石头推到山顶后，石头又滚回山脚。于是，西西弗只得再次回到山脚，开始推石头的工作。然而，每次都是将石头推上山顶后的短暂瞬间，石头又滚落回了山脚。就这样，日复一日，年复一年，西西弗推着石头，痛苦不堪。

有一天，西西弗突然感觉到了快乐，他发现在推石头的过程中，他推过了世间最美丽的风景：推过了春夏秋冬，推过了风花雪月，推过了蓝天白云，推过了电闪雷鸣。天上的飞鸟为他唱歌，地上的走兽为他舞蹈，微风为他送来花草的芳香，雨水给他带来土地的清香。

自此以后的每一秒，西西弗总是微笑着面对一切幸与不幸。

西西弗推出了勇气和耐力，推出了胸怀和智慧，更重要的是，西西弗推出了生命活在过程中的真谛！

没错，生命就在于过程本身。智者，善于在过程中发现乐趣，正如西西弗。而像这样的智者，自然不止西西弗。

东晋名士王子猷和戴安道是一对挚友。子猷居住在山阴（今浙江绍兴），戴安道则隐居于曹娥江上游剡溪（今浙江嵊县西南）的紫胎园。

一日半夜，突然飘起了鹅毛大雪。子猷尤其喜欢下雪天，因此再也睡不着觉了。于是打开门窗，命下人暖上酒，点上香烛，开始欣赏起雪景来。正欣赏之时，内心突然生出了一个想法：这样的天色，这样的景致，不找戴安道好好地欣赏一番，岂不辜负了这一场好雪。

想到此，王子猷立马更换衣服，提了个大食盒，里边备有美酒美食，撑着一把纸伞，踏石径，上了船，直奔戴安道住处。

沿途两岸的雪景美不胜收，令人陶醉。那漫天飞舞的雪花完全呈现在王子猷面前，并没有因为人的冷落或者是宠爱而飘舞，无须他人认可，完全自得其乐。

王子猷深有感触，也深深体会到了美的意境，来到了戴安道家门口时，王子猷脑袋一摇，长袖一卷，掉头乘船回家了。

后来，有人问起此事：“为什么人到了门前却不进屋？”

王子猷笑着说：“本乘兴而来，兴尽而返，何必见安道耶！”

我相信，人生的价值在于过程本身，而并不是所追求的某一个目的。当我们消除了外在的目的性，就能充分体验过程本身的快乐了。

此时此刻的快乐最值得你用心感受

这个世界充满竞争，处处都有坎坷、有崎岖，甚至还有断崖，这种不顺利的生活所带来的痛苦更是无穷无尽，但痛苦不是我们生活的目的。

一个美国商人在墨西哥海边一个小渔村的码头上，看到一个墨西哥渔夫的小船上有好几条大黄鳍鲔鱼。显然，它们是这个渔夫抓来的。美国商人对渔夫能抓到这么高档的鱼恭维了一番，并且问要多长时间才能抓这么多？渔夫说，不一会儿工夫就抓到了。美国商人再问："那你为什么不再多抓一会儿，这样你就能抓到更多的鱼？"

渔夫很不以为然："这些鱼已经足够我一家人生活所需啦！"

美国商人又问："那你一天剩下来的时间都在干什么，不会很无聊吗？"

渔夫很惊讶："不会啊！我呀，每天都会睡到自然醒，然后出海抓几条鱼，回来就跟孩子们玩耍，中午睡个午觉，到了晚上就到村子里喝点小酒，跟朋友们玩玩吉他，唱唱歌，跳跳舞，怎么会无聊呢？我的日子可过得充实又忙碌呢！"

这时，美国商人却不以为然，并给这个渔夫出了一个主意说："我是美国哈佛大学企管硕士，我想我可以帮你的忙！你每天应该多花一些时间去抓鱼，你就会有更多的收入了，而到时候你就会有足够的钱去买条大一点儿的船，这样你自然就可以抓更多的鱼，然后买更多的渔船。到最后，你肯定能拥有一个船队。到那时候，你就不必把鱼卖给鱼贩子了，而是直接卖给加工厂，这样你就能挣更多的钱去开一家罐头工厂。并且，你还可以到墨西哥城或者洛杉矶，甚至到纽约，在那里扩大企业规模。”

渔夫笑了笑，问：“这又花多少时间呢？”

美国商人回答：“十五到二十年。”

“然后呢？”

美国商人大笑着说：“然后你就可以在家享福啦！只要你愿意，你就可以宣布股票上市，把你的公司股份卖给投资的大众。那时候你就发啦！你可以几亿几亿地赚！”

“然后呢？”

美国商人说：“到那个时候你就可以退休啦！你可以搬到海边的小渔村去住。每天睡到自然醒，出海随便抓几条鱼，跟孩子们玩一玩，再睡个午觉，黄昏时，晃到村子里喝点小酒，跟朋友们玩玩吉他啰！”

墨西哥渔夫疑惑地说：“我现在不就是这样子吗？”

美国商人和渔夫的故事有多种解读，我们不去详说，但它至少启发了我们：要用心感受此时此刻的快乐，那这个世界在此时此刻就是美好的。

其实，我们在为未来拼尽全力时，要学会感受现在的快乐。

不攀不比，减少盲目的比较

每个人都是独一无二的，有着独特的长处、天赋和能力，所以我们根本没有必要与别人攀比。

有一位国王在花园里散步，看到园里很多花草树木都枯萎了，园中呈现出一片荒凉的景象。

国王从管理花园的园丁那里了解到：橡树由于感觉自己没有松树那么高大挺拔，轻生厌世死了；松树因为感觉自己不能像葡萄那样结出累累硕果，也死了；葡萄哀叹自己终日匍匐在架上，不能直立，不能像桃树那样开出美丽可爱的花朵，也选择了死；牵牛花也病倒了，因为它叹息自己没有紫丁香那样芬芳；其余的植物也都垂头丧气，没精打采——唯有最不起眼的心安草依然在茂盛地生长。

国王来到一株心安草前问道："小小的心安草啊，那么多植物都枯萎了，为什么你这么勇敢、乐观，毫不沮丧呢？"

小草回答说："尊敬的国王，我一点儿也不灰心失望！因为我知道，如果国王您想要一棵橡树，或者一棵松树、一架葡萄、一棵桃树、一株牵牛花或是紫丁香，您就会叫园丁把它们种上，而我知道您希望我做的是安心做小小的心安草，所以我活在当下的角色里，活得快乐自在。"

国王听罢，感叹不已。

《牛津格言》中说：“如果我们仅仅想获得幸福，那很容易实现。但我们希望比别人更幸福，就会感到很难实现，因为我们对于别人幸福的想象总是超过实际情形。”

人各有所长，各有所短。我们既不能专以己之长比人之短；也不应以己之短比人之长。

古人曾给我们留下这样一句话：“人比人，气死人。”的确，如果你事事与人比，烦恼就会比别人多。而烦恼一多，疾病就会缠身。

那么，如何消除这种攀比心理？

首先，通过自我暗示，增强自己的心理承受能力。

自我暗示又称自我肯定，是指通过对个体预期目标积极地叙述，实现头脑中坚定而持久的积极认知，摆脱陈旧的、否定性的消极思维模式。自我暗示是一种强有力的心理调节技巧，可以在短时间内改变一个人的生活态度和心理预期，增强个体的心理承受能力。它具体表现为带有鼓励性质的语言、符号以及动作。比如，当看到别人比自己好时，在心中默念“其实我也非常棒”之类的语句，久而久之，盲目比较的习惯就会有所改善。

其次，尽可能地纵向比较，减少盲目地横向比较。

比较分为纵向比较和横向比较。纵向比较是指个体和自己的昨天比较，找到长期的发展变化，以进步的心态鼓励自己，从而建立“希望体系”，帮助个体树立坚定的信心。横向比较是指个体与周围其他人的比较，有助于找到自己的不足，以便朝着更好的方向发展。但是由于竞争的日益激烈，人们往往会陷入横向比较的误区，忽略了纵向比较。其实，纵向比较有利于我们更清醒地认识自我。

摁住急功近利的心，成功需要厚积薄发

在悄无声息中积蓄力量，是韬光养晦、厚积薄发的过程。不急功近利，耐得住寂寞、吃得了苦，坚持不懈地努力，方能练就高人一筹的本领。

在现实生活中，大部分人都想做成功者，不谈是否能成大事、出大名，至少能够被当下的人们所喜欢、所称道。不可否认，任何领域里，人们都会把成功作为追求的目标。这其中的方式却不一样，有的人急功近利，恨不得一夜暴富、一夜成名；有的人却甘于在平凡中一点点地努力，厚积薄发，等待合适的时机，再爆发出最大的能量。

在国内某顶尖大学法学院的一次讲座上，一位同学向讲演的著名律师请教，问他如何才能成为一名优秀的律师。

那位律师是这样回答的："先不要急着讨论这个问题，让我先给你们讲一个真实的故事。我上大学时，有两个很好的朋友，一个毕业后就去了律师事务所工作，而另外一个则选择继续学习深造。他们毕业的时候，才 23 岁。10 年过去了，那位参加工作的同学已经成了行业内的知名律师，而继续深造的另一个同学也结束了学习生涯，正式跨入了律师的行业。到他们都 35 岁的时候，这位 33 岁才成为律师的同学已经和做了 12 年律师的另一位同学做得一样好，一样有名。可是，到了 43 岁，也就是他们毕业后的 20 年，后者因为 10 年深造积累的知识不断地派上用场，事业越做越大；而前者却受自己的知识所限，驻足不前，跟不上时代的潮流，日渐沉寂下来。现在，不用我说，你们大家都知道如何做一个优秀的律师了吧？”

有位哲人曾经说，这个世界上只有两种人，用一个简单的实验就可以将他们区分开来。如果给他们同样的一碗小麦，一种人会首先留下一部分用于播种再考虑其他问题；而另一种人则不管三七二十一把小麦全部磨成面，做成馒头吃掉。

我们每个人都想做一个成功的人、优秀的人，只不过在“馒头”的引诱下，很多人失去了忍耐力，人心变得浮躁，许多人急功近利，做什么事情都是恨不得一口吃个胖子。殊不知，这种以结果为导向来指引自己行为的方式，恰恰忽略了过程的重要性。

事实上，成功之路更像是一场马拉松赛跑而不是百米冲刺，前 100 米领先者不一定就能成为全程的优秀者，甚至都跑不完全程。在追求成功的漫长征途上，过程的积累将会起到决定性的作用。所以，为了能够成为笑到最后的那一个，千万不要急功近利，而要懂得厚积薄发的道理，脚踏实地，一步步地迈向成功。

目的再正确，也请勿不择手段

太多人为了个人欲望而不择手段地算计着每个“挡路人”，你会为达目的而不择手段吗？

不择手段的人，往往是用手段为目的挖掘坟墓。

“君子爱财，取之有道。”这是被我们的祖先信奉了千百年的信条，但某些企业和个人，缺乏信仰，唯利是图，他们崇尚厚黑学，认为要想成功就要不择手段，不管他们是为谋生存而放手一搏，还是资本胁迫下的无奈之举，他们往往会采取抄袭、欺骗与造假这些方式，殊不知，不择手段可能会获得眼前的小利，但一定会丧失长久的利益，最终不可避免地走向失败。

目的正确并不代表就可以因此而不择手段。而且，通过不择手段而实现的目的，最终的结局永远都不会是美好的。

唐朝著名诗人宋之问有一外甥叫刘希夷，很有才华，是一个年轻有为的诗人。一日，刘希夷写了一首《代白头吟》，到宋之问家中请舅舅指点。当刘希夷诵到“古人无复洛阳东，今人还对落花风。年年岁岁花相似，岁岁年年人不同”时，宋之问情不自禁连连称好，忙问此诗可曾给他人看过。刘希夷告诉他说刚刚写完，还不曾给人看。于是宋之问说道：“你这诗中‘年年岁岁花相似，岁岁年年人不同’两句，着实令人喜爱，若他人不曾看过，让与我吧。”刘希夷道：“此二句乃我诗中之眼，若去之，全诗无味，万万不可。”

晚上，宋之问睡不着觉，翻来覆去只是念这两句诗，心中暗想，此诗一面世，便是千古绝唱，名扬天下，一定要想法据为己有。于是他起了歹意，命手下人将刘希夷害死。后来，宋之问获罪，先被流放到钦州，又被皇上勒令自杀。天下文人闻之，无不称快！刘禹锡说：“宋之问该死，这是天之报应。”

在中世纪的意大利，有一个名叫塔尔达利亚的数学家，在国内的数学擂台赛上享有“不可战胜者”的盛誉。他经过自己的苦心钻研，找到了三次方程式的新解法。这时，有个名叫卡尔丹诺的人找到了他，声称自己有千万项发明，只有三次方程式对他是不解之谜，并为此而痛苦不堪。善良的塔尔达利亚顿生同情之心，把自己的新发现毫无保留地告诉了他。谁知，几天后，卡尔丹诺以自己的名义发表了一篇论文，阐述了三次方程的新解法，将成果据为己有。他的做法虽然在相当一个时期里欺瞒了人们，但真相终究还是大白于天下。现在，卡尔丹诺的名字在数学史上已经成了科学骗子的代名词。

宋之问、卡尔丹诺等也并非无能之辈，他们是在各自的领域里很有建树的人。就宋之问来说，纵不夺刘希夷之诗，也已然名扬天下。糟糕的是，人心不足，欲无止境。为了满足自己的私心，不择手段，他们竟做起人人不齿的肮脏事情，以致弄巧成拙，美名变成恶名，实在令人叹息。

第三章

成功获得自信，失败获得自觉

一个自信和自觉的人，能勇敢地尝试新事物，并有毅力把它做好，会从成功里获得自信，从失败里获得自觉。当你开始自觉时，无论多么大的失败，都只会成为你获取成功的基石。

在失败中寻找成功的机会

能在失败中寻求灵感与突破的人，就有机会获得巨大的成功。

一位哲学家面对一个失败者时说过这样的话：“人生免不了失败。失败降临时，最好的办法是阻止它、克服它、扭转它，但如果无济于事，那么，你不妨换一种思维，设法让失败改道，在失败中寻找成功的机会。”

的确，失败可以击垮甚至毁掉一个人的一切，包括他的梦想、他的人生。但是，只要这个人能拥有良好的心态，不轻易低头和服输，认真分析和发现，那么在失败中，也未尝不能寻找到成功的机会。

美国人保罗·迪克从祖父手中继承了一座美丽的“森林庄园”，却经营不善，接手后一直亏损。更为雪上加霜的是，一场雷电引发的山火将“森林庄园”的大部分树木化为灰烬。面对经营不善和意外灾难带来的巨大失败，保罗欲哭无泪，年轻的他不甘心家族基业毁于一旦，决心倾其所有也要修复庄园，于是他向银行提交了贷款申请，但银行无情地拒绝了他。接下来，他四处求亲告友，依然一无所获……

所有可能的办法都试过了，保罗始终找不到一条出路，他觉得，自己以后再也看不到那郁郁葱葱的树林了。为此，他闭门不出，茶饭不思。

一个多月过去了，年已古稀的外祖母获悉此事，意味深长地对保罗说："小伙子，失败并不可怕，可怕的是你的眼睛失去了光泽，一天天地老去。一双失神的眼睛，怎么可能看得见机会呢？"

保罗在外祖母苦口婆心的劝说下，一个人走出了庄园，走上了深秋的街道。他漫无目的地闲逛着，在一条街道的拐角处，他看见一家店铺的门前人头攒动。他下意识地走了过去。原来，是一些家庭妇女正在排队购买木炭。那一块块躺在纸箱里的木炭忽然让保罗眼睛一亮——他看到了一个机会。

在接下来的两个多星期里，保罗用所剩不多的资金雇了几名烧炭工，将庄园里烧焦的树加工成优质的木炭，分装成箱，送到集市上的木炭经销店。结果，木炭被一抢而空。他因此得到了一笔不菲的收入。不久，他用这笔收入购买了一大批新树苗。渐渐地，一个新的庄园又初具规模了。几年以后，"森林庄园"再度绿意盎然。

在我们的周围，有很多人之所以没有成功，并不是因为他们缺少智慧，而是因为他们面对失败时没有思考和坚持的勇气。他们自认为已陷入绝境，只知道悲观失望，却不去想，从失败中自己能得到什么。对年轻的保罗来说，当他擦亮自己的双眼后，失败反而带来了更大机会。

其实，人生就是这样，只要心中还有一线希望，能够积极地面对失败，就一定能找到成功的机会。

从失败中汲取教训，才能为成功做好准备

想要获得成功的人应该具有很强的韧性，面对失败时不是逃避责任，而是吸取教训，为最终的成功做准备！

失败、挫折在成功的路上是不可避免的，当它们降临之后，我们要做的不是去逃避、推诿，而是要以百倍的勇气去挑战它。更重要的是，我们应努力追根溯源，找出失败的原因：是能力不足，还是准备不充分？是主观太轻敌，还是客观条件不成熟？……把类似的这些问题都搞清楚了，在今后的工作中，我们就能对症下药，避免重蹈覆辙。所谓“吃一堑，长一智”，说的就是这个道理。

失败的时候，也是最容易找到成功的切入点的时候，因为这是发现自身不足的绝佳机会。

失败的时候，学到的东西往往是最多的，所以，我们不应该惧怕失败，而是要能从失败中吸取经验和教训，争取下次不再犯同样的错误，为未来的成功做足准备。

失败往往能启发我们以更聪明的方式去获取成功。伟大的科学家牛顿、爱迪生尚且还有失败的时候，何况平凡的我们呢？而且，从某种意义上来说，人生没有失败，就没有成功，甚至可以说没有大失败，就没有大成功。

假如你去问问那些成功的人，他们可以肯定地告诉你，他们经历的失败比你想象的还要多得多。他们之所以现在能够取得成功，就是因为以前积累了太多的失败，只是他们不怕失败，耐心而又细致地研究失败，汲取经验和教训，最后才取得了令人艳羡的成功。

小周是一个出版人，年轻的时候，曾经在宁夏创办了一份以讲历史故事为主的杂志。当时，因为资金不充足，他就和当地的一家印刷厂建立了合作伙伴关系，印刷厂成了该杂志社的大股东。

刚开始的时候，生意做得还算不错。当时的小周每天沉浸在成功的喜悦里，却没有发现，他的这份杂志已经被对手盯上。在他不知情的情况下，一家较大的杂志社买走了印刷厂的股份，控制了这份杂志。小周得知后气愤而又感到耻辱，愤然放弃了他那份寄托着他所有热情的事业。

事实上，小周的失败并非对手采用了不光彩的手段，而在于小周自己存在的问题。小周虽然和印刷厂建立了合作关系，但始终凌驾于印刷厂之上，不善于与合伙人和谐相处，常常因为一些印刷方面的小问题与合伙人争吵。另外，在危机出现时，小周自己也完全没有意识到。

幸运的是，在经历了这次失败之后，小周充分吸取了经验和教训。一颗前所未有的充满活力的种子在他心中渐渐发芽，而且带着他的梦想在生长壮大。

他离开宁夏前往北京，在那里创办了一家图书出版公司。这一次也是合伙经营，不过为了避免上一次失败的重演，他必须让其他合伙人充分相信他，于是，除了和这些合伙人处好关系，他还随时把经营情况告知对方，而且在有问题、有矛盾时总是积极寻求解决。

经过几年的发展，小周的图书出版公司越做越大，他终于实现了自己的梦想。

所以说，失败也会有所收获，你可以从失败中学到很多。失败显露出的坏习惯，你予以抛弃，就能以好的习惯重新出发；失败驱除了傲慢自大，并以谦恭取而代之，而谦恭可使你得到更和谐的人际关系；失败使你重新反省你的资产和能力；失败还能使你迎接更大的挑战，增加你的意志力。

去过健身房的人都知道，只将杠铃举起来是没有用的。在举起杠铃之后，练习者必须以比举起时慢两倍的速度将杠铃放回举起前的位置，这种训练被称为"阻抗训练"。显然，将杠铃放回去时所需要的力量和控制力比举起杠铃时要多很多。

其实，失败就是你的"阻抗训练"，当你遭遇失败时，应主动将自己拉回原点，并将注意力集中到拉回原点的过程上，从中总结教训。利用此方法，可以使自己再次出发后，并能有长足的进步。

我们应当认识到，在现实生活中，一个人不可能永远不遇到失败，如果你真的失败了，那就要以高昂的斗志面对失败，把失败当作磨炼意志、增长才干的好机会。大胆地接受现实，坦诚地分析、探究失败的根源，以重新赢得获取成功的机会。

该吃苦时不吃苦，将来一定吃大苦

谁要是遇到一点点苦难就不能忍受的话，他注定要遭受更大的苦难。

美国有一个大企业家的千金小姐，在大学期间白天上课，晚上外出打工，以赚取学杂费。有人认为她的父母有些“不近人情”，但这位企业家的回答是：“我这样做只是为了让孩子从小知道生活的艰辛，让她经受一点儿苦难的磨炼。这样，她长大以后才知道怎样把握自己，如何在社会上立足。”

既然本来不需要吃苦的人都愿意有意使自己吃些苦，那么对于需要吃苦而且必须吃苦的人来说，就更不必抱怨生活的苦难了。正所谓，只有吃得苦中苦，才能成为人上人。这是一条人生的铁律。

香港富豪霍英东出生时，家里穷得无法形容，苦得难以言述。在苦难中长大成人的他，进入社会后的第一份工作是在一艘旧式的渡轮上做加煤的工作，做了不久便因身体单薄被老板“炒鱿鱼”了。

后来，霍英东在启德机场当苦力、做修车学徒、应征做铁匠……一次又一次的苦难，并没有击垮霍英东，而是磨炼了他的意志，培育了他的坚强。将近而立之年时，他终于时来运转，通过运送急需的物资与药物，短短几年间就发了一大笔财。不久，他又向其他产业进军，参与航运业、娱乐业，终于跻身华人超级富豪的行列。

坎坷艰辛、多苦多难的童年、少年和青年经历，造就了霍英东后来的人生辉煌。

追求享乐是人的天性，但经历苦难也必不可少。人如果不经历挫折、苦难、挣扎，就很难脱颖而出。古今中外的历史反复证明了一个道理：“自古雄才多磨难，从来纨绔少伟男。”

在人的一生中，谁都难以躲过“吃苦”这一关。如果在该吃苦的时候不吃苦，那么到了不该吃苦的时候就一定会吃苦；如果在年轻的时候不能吃大苦，那么到年老的时候就不可能享大福。

人到老年时遭受艰难困苦是不幸的，这个道理很多人都知道；但人在年少时未经艰难困苦也是不幸的。遗憾的是，这个道理很多人都不明白。其实，人生的苦和乐都是一段过程：吃苦在先，但人生不会永远苦下去，能吃苦，走到终点便是甜；享受在先，或许令人羡慕，但人生不会永远享受下去，不能吃苦，走到终点便是苦。

战胜挫折的人生才能创造伟绩

在人生的道路上，谁都会遇到困难和挫折，就看你能不能战胜它。战胜了，你就是英雄，就是生活的强者。

大部分人在一生中都不会一帆风顺，难免会遭受种种挫折和不幸。但是成功者和失败者非常重要的一个区别就是，失败者总是把挫折当成失败，从而使每次挫折都能够深深打击他的勇气；成功者则永不言败，在一次又一次挫折面前，总是对自己说：“我不是失败了，而是还没有成功！”

一个暂时失败的人，如果继续努力，打算赢回来，那么他今天的挫折就不是真正的失败。相反，如果他失去了再战斗的勇气，那就是真正的失败了！

“我这辈子没有遇到过什么挫折。”43 岁的萧先生说。

“我这辈子已经彻底完了。”37 岁的林先生则说。

这两位先生都是我的朋友。初看上去，他们两个人的人生的确天差地别。萧先生在北京是业界小有名气的出版人，现在每年出书几十本，不乏畅销之作，年收入几百万元。林先生现在欠债几百万元，几个债主整天找他，而他躲在外地不敢回家。

然而，这两个不同的人，其实有过类似的经历。

十年前，萧先生是天津一所一本院校最年轻的副教授，是他们专业里公认的学术天才，但他毅然“下海”，贷款1000万元做“大生意”。生意赔了，他欠下了近800万元的债务。这次失败让他幡然悔悟，不再做“大生意”的梦，转而来到北京做出版这种适合他的文化行业。经过几年的奋斗，他终于还清了800万元的债务。

6年前，林先生还是一个民营企业家，拥有别墅、轿车和一家中型的印刷厂，但因为轻信于人，在一笔生意上亏了400多万元。将所有家财全部变现后，他仍然有近200万元的债务。无奈之下，他开始过起了东躲西藏的生活，一直到今天。

亏了800万元的萧先生站了起来，亏了200万元的林先生却垮了下去。亏800万元的认为：“我这辈子没有遇到过什么挫折。”亏200万元的却说：“我这辈子已经彻底垮了。”这到底是什么原因造成的呢?

正是因为对待挫折的不同态度：萧先生战胜了挫折，而林先士败给了挫折。

大哲学家尼采说过：“受苦的人，没有悲观的权利。”道理其实很简单，如果你不想再受苦，那你就必须克服困境。悲伤和哭泣只能加重伤痛而不能帮助你解决任何问题，所以在挫折和逆境面前不但不能悲观，而且要比别人更积极。在冰天雪地中历险的人都知道，凡是在途中说“我撑不下去了，让我躺下来喘口气”的同伴，很快就会死去，因为当他不再走、不再动时，他的体温就会迅速地降低，接着死亡便会降临。

在人生的旅途中，如果失去了跌倒以后再爬起来的勇气，那么得到的只能是彻彻底底的失败。

运动学上有个名词叫作生理极限，这个概念同样也可以用到我们追求成功当中。当最困难的时候来临时，许多人都坚持不下而放弃了，但只要你挺过这段困难时间，再咬牙坚持一下，胜利就会属于你。在生活中，很多人失败了，不是因为他们缺少知识和才能，而是他们放弃了，放弃了近在咫尺的成功，这显然是非常可惜的事情。

面对挫折，冷静是朋友

一个冷静的人不会在任何事情面前大惊小怪，即使在大风大浪中也能如岩石般屹立于海岸，岿然不动。保持冷静，就会拥有处变不惊、泰然自若的人生。

冷静，是一种心态，也是一种素质；是一种思想，更是一种境界。冷静，是智慧的修养，更是理性、豁达的深刻感悟。冷静，会给你带来成功与高品质生活的享受。一个人只有具备了冷静的性格，才能在遭遇挫折时保持清醒的头脑，并耐心寻找出战胜挫折的方法，这是至理！也就是说，万事应三思而后行。这对行事草率的人来说，是很有效的忠告。保持冷静，我们才能战胜挫折，我们才能更容易成功。

一位美国空军的飞行员说："战争期间，我单独担任 F6 战斗机的驾驶。头一次任务是轰炸、扫射。从航空母舰起飞后，我一直保持高空飞行，然后以俯冲的姿态滑至目的地 100 米上空执行任务。然而，正当我以雷霆万钧的姿态俯冲时，飞机左翼被敌机击中，顿时翻转过来，并急速下坠。等我明白过来时，我发现海洋竟然在我的头顶！你知道是什么东西救我一命的吗？我接受训练的期间，教官会一再叮嘱说，在紧急状况中要沉着应付，切勿轻举妄动。飞机下坠时，我就只记得这么一句话，因此，我什么机器都没有乱动，我只是冷静地思考，冷静地等候把飞机拉起来的最佳时机和位置。最后，我果然幸运地脱险了！假如我当时顺着本能的求生反应，未待最佳时机就胡乱操作，必定会使飞机更快下坠而葬身大海。”

最后，这位飞行员再次强调说，“一直到现在，我还记得教官那句话，遇到挫折或危机时，不要轻举妄动而自乱脚步；要冷静地思考，抓住最佳的反应时机！”

事实上，一个人只要充分地相信自己，沉着冷静地对问题进行大胆的探索与构想，就一定能将“腐朽化为神奇”，把不可能化为可能。

保持冷静有助于我们克服急躁心理。一个人有了冷静的性格，就能遇事不慌乱，就能轻松地化解很多挫折和危机。

新墨西哥州阿布魁克市的泰德·考丝太太，在经济问题上遭遇了种种挫折，她本人为此烦恼不已。她的母亲得了严重的疾病，为了雇人照顾母亲的起居，原本经济并不宽裕的她负担更加沉重了。

如何摆脱这一悲惨的局面？考丝太太一时不知该如何做决定。“我取来一些纸张，然后开始分析。”考丝太太描述道，“我先让自己冷静下来，然后把母亲的收入——如有价证券、叔父给她的补助等一一列出来，然后列出所有开支。没多久，我便发现母亲在衣、食方面的花费极少，但那栋拥有11间房子的住所，却得花一大笔钱来维持，再加上各种杂项开支和税金，还有保险费等，为数十分可观。当我见到这些白纸黑字的数据，便知道事情该如何处理了——那房子必须处理掉。”

现实生活中，人人都会遇到麻烦。在遭遇麻烦的时候，有些人慌手慌脚，不知该如何行事。其实，一切事情都有解决之道，只要你静下心来，冷静思考，总能找到答案。

有些人一遇到挫折，就开始狂躁发怒，冲动行事，结果自然不会有好的结果。相反，有些人却能临危不乱，沉着冷静地应对一切问题。这就是成功者与失败者的性格界限之一。冲动的性格常能使人毁于一旦。在通常的状况下，大部分人都能控制自己的性格，也能做出正确的决定，可一旦事态紧急，他们就可能会自乱脚步，而无法把持自己。

科学研究表明，“冷静状态”能使那些由于过度紧张、兴奋引起的脑细胞机能紊乱得以恢复正常。你若处于惊慌失措、心烦意乱的状态，就别指望能理性思考问题，因为任何恐慌都会使歪曲的事实和虚构的想象乘虚而入，使你无法根据实际情况做出正确的判断。

当你平静下来，再看挫折和困难时，你也许会觉得它实际上并没有什么了不起。正视自己和现实时你就会发现，所有的恐怖与烦恼只是你的感觉和想象，并不一定是事实的全部，实际情形往往比你想象的好得多。

人所遇到挫折和危机往往来源于自身，因此，对自己和现实有一个全面正确的认识，是在突变面前保持情绪稳定的前提之一。当你遭遇挫折时，被暴怒、恐惧、嫉妒、怨恨等失常情绪所包围时，不仅要压制它们，更重要的是，千万不可感情用事，随意做出决定，而要多想想既然别人能渡过难关，自己为什么不能冷静应变，然后调动自己的巨大潜能去应付问题。

心情舒畅是冷静应变的前提，也是它的结果。然而，在挫折带来的不幸和烦恼面前，怎样才能使身心舒畅呢？行之有效的办法不外乎尽情地从事自己的本职工作和培养广泛的业余爱好，暂时忘却一切，尽情享受娱乐的快感。

在人生的旅途中，挫折与逆境是难以避免的，但只要你学会冷静对待，就能有所收获。以冷静面对社会，有利于人们进行反思，并把逆境化顺境；以冷静面对生活，有利于人们进行苦与乐的洗练，从而享受美好的人生；以冷静面对他人，有利于人们对善与恶的辨认，进而亲君子远小人；以冷静面对名利，有利于陶冶人的情操；以冷静面对挫折，则有利于磨炼人的意志。

冷静，可使人变得大度、理智、聪明和愉悦。面对挫折，冷静是最好的朋友，让我们从现在开始就亲近这位朋友吧！

受辱不改其志，知耻要能近乎勇

被人羞辱，你是马上报复，以牙还牙，还是暗自争气，来日让羞辱你的人无地自容，对你刮目相看？你要永远记住一点：生气不如争气，翻脸不如翻身。

我们每个人的人生，都不可避免地会面对“宠”和“辱”。虽然自古以来就有“宠辱不惊”的说法，但毕竟“宠”能让人高兴，“辱”却让人不大舒服，甚至让人怀恨在心，伺机报复。

“辱”关乎一个人的尊严和脸面，在面对它时，人和人的表现是不一样的：有人可以神情自若，泰然处之；有人却咽不下恶气，以命相搏。

用极端的手段报复虽然能解一时之气，后果却只能由自己去承担了。这只能说是莽汉之举，绝非大丈夫所为。

在林肯还是一个毫无声望的年轻律师时，他为了一件重要的诉讼案件赶到芝加哥。当地的几个著名的律师对他毫无欢迎的表示。他跑去拜见，也到处受人白眼。那些律师自视甚高、目中无人，认为和这样一个年纪轻、资格浅的律师往来未免有失身份。

那么，林肯怎样看待他们的侮辱呢？他把眼睛抬得更高，也用鄙视的态度来答复他们吗？不！如果他这样做，恐怕后来也不会享有那么大的声望了。

他对别人说："我从他们的白眼中，看出自己的学识经验实在还远不够用。我发现自己应该学习和尚未学习的事还多着呢！"

侮辱促使林肯更加努力上进，后来他果然爬到了很高的地位，当上了美国总统。林肯抓住了他们送给他的"侮辱"，拿来当作一架梯子，一步步青云直上，成为美国人民心目中最伟大的总统之一。

受辱而心不惊，是一种"知耻"后的行事原则，然而有"知耻"者，便有"不知耻"者。这样就出现两种截然不同的态度，有人知耻、忍耻到雪耻，也有人受辱却不知耻，即是人们常说的厚颜无耻或恬不知耻。"乐不思蜀"的故事就给我们展示了蜀后主刘禅这个不知耻之人。孟子曰："人不可以无耻，无耻之耻，无耻也。"这就是说，一个人不可以无廉耻之心，不知道耻辱的耻辱，才是真正的耻辱。

从受辱到知耻再到立志雪耻，这才是我们所提倡的做法。在人生的旅程中，面对别人的羞辱时，请千万要记住这句话：受辱不改其志，知耻要能近乎勇。

感恩折磨你的人，感谢折磨你的事

感恩折磨你的人，因为他锻炼了你的毅力，拓宽了你的眼界；感谢折磨你的事，因为它使你吸取了教训，从而能迈向一个新的高度。

对于我们大多数人来说，人生不会是一帆风顺的，总会有一些人、一些事对你造成伤害甚至是折磨。很多人往往怨天尤人，甚至因此而沉沦、堕落。

可事实上，那些折磨你的人或者事，并没有你想象的那么可怕，可怕的是你的心像玻璃一样脆弱，把自己推入无法拯救的深渊中，却仍然在抱怨生活给了你太多的磨难。

感恩折磨你的人，感谢折磨你的事，才会使你的生命充满激情和挑战，也才会让你的人生赢得机遇。

相反，人要是惧怕痛苦，惧怕折磨，惧怕不测的事情，那么他的人生中就只剩下“逃避”二字。其实，重要的并非你受到什么折磨，而是以什么样的态度面对折磨，被折磨之后又能得到什么。

有一个年轻人，他家在农村，高考落榜后回家务农。当时，在农村里如果会一门手艺，就会生活得好点，于是他母亲给他找了个木匠师傅，让他学习木匠。此后，他就和师傅一起学做木匠，起初是在农村做家具，后来去城市做些简单的装修。他从学徒到后来出师，吃了很多苦，受了很多累，很多次在梦中哭着醒来，很多次累得体力不支，又很多次悲观绝望。

一次，他正在给别人装修房子时，碰巧遇上了他的高中同学。他身上脏兮兮的，同学一见他就眉头一皱，顺口说了句："没想到你现在混成这个样子，真是太不长进了！"然后就离开了。年轻人停下了手里的工作，眼泪止不住地往下流。他在心里下定决心：我不是废物，我一定要出人头地，即使是做装修，也要做到最好。

从那以后，他开始奋发图强。工作之余，他发奋学习装修行业的相关知识。再后来，他开始自己创业，建立了属于自己的装修公司，逐渐成为当地有名的创业家。

同学说的话确实很难听，很折磨人，但是，激发了这个年轻人的斗志，激发了他前进的动力，让他获得了此后的成功。不难理解，当一个人受尽折磨时，他的潜能才能被激发出来，而且，唯有此时，他才能逼自己去突破自己，改变现状。

一帆风顺自然会让人春风得意，但生活中必然有风雨。我们需要懂得的是如何在风雨的折磨中保护自我、发展自我，就像歌曲《水手》中唱道的："他说风雨中，这点痛，算什么……"

罗曼·罗兰曾说："从远处看，不幸、折磨还很有诗意呢！一个人最怕庸庸碌碌地度过一生。"王尔德说："世上只有一件事比遭人折磨还要糟糕，那就是从来不曾被人折磨过。"

没有经历过折磨的雄鹰永远不能高飞。如果我们有朝一日功成名就，第一个要感谢的人就是在工作和生活中曾经折磨过自己的人和事，因为他们使我们变得更加勇敢、坚强、自信，变得更加强大。

第四章

不敢失败，才是人生最大的失败

真正的失败者是那些害怕失败、连尝试都不敢尝试的人。因害怕失败而不敢放手一搏，永远都不可能成功。

所有失败者都是败给了自己

一个人对自己有信心，其意志就会产生巨大的力量，就具备了敢于挑战自己的素质，就能做成在这个世界上能做的任何事。

有一个学业优秀的青年，他去报考一家大公司，结果却没被录用。这位青年得知这一消息后，深感绝望，顿生轻生之念，幸亏被及时抢救。不久传来消息，他的考试成绩名列榜首，是统计考分时电脑出了差错，他被公司录用了！但很快又传来消息，说他又被公司解聘了，理由是一个人连如此小小的打击都承受不起，又怎么能在今后的岗位上建功立业呢？这位青年虽然在考分上击败了其他对手，他却没有打败自己心理上的敌人。他的心理敌人就是惧怕失败，对自己缺乏信心，自己给自己制造了心理上的紧张和压力。

在追求成功的道路上，我们发现一部分人失败了，另一部分人却成功了。这其中的主要原因是：前者是被自己打败，而后者却能打败自己。

美国有位叫凯丝·戴莱的女士，她有一副好嗓子，一心想当歌星，可遗憾的是她嘴巴太大，还有龅牙。她初次上台演唱时，努力用上嘴唇掩盖龅牙，自以为那是很有魅力的表情，殊不知却给别人留下滑稽可笑的感觉。有一位男听众很直率地告诉她：“龅牙不必掩藏，你应该尽情地张开嘴巴。观众看到你真实大方的表情，相信一定会喜欢你的！也许你所介意的龅牙会为你带来好运呢！”

一个歌唱演员在大庭广众之下暴露自己的缺陷，先要用理智说服自己，还要有勇气打败自己。凯丝·戴莱接受了这位男听众的忠告，不再为龅牙而烦恼。她尽情地张开嘴巴，发挥自己的潜能，终于成为美国演艺界的大明星。

一个人要挑战自己，靠的不是投机取巧，不是耍小聪明，靠的是信心。世界著名的游泳健将弗洛伦丝·查德威克，从卡德林那岛游向加利福尼亚海湾时，在海水中泡了 16 个小时。只剩下 2 千米时，她看见前面大雾茫茫，潜意识发出了“何时才能游到彼岸”的信号，她顿时浑身困乏，失去了信心。于是，她被拉上小艇休息，失去了一次创造纪录的机会。事后弗洛伦丝·查德威克才知道，她已经快要登上了成功的彼岸，阻碍她成功的不是大雾，而是她内心的疑惑。是她自己在大雾挡住视线之后，对创造新的纪录失去了信心，然后才被大雾所俘虏。过了两个多月，弗洛伦丝·查德威克重游加利福尼亚海湾，游到最后，她不停地对自己说：“离彼岸越来越近了！”潜意识发出了“我这次一定能打破纪录”的信号，她顿时浑身来劲。最后，弗洛伦丝·查德威克终于实现了目标。

人生最大的挑战就是挑战自己，这是因为其他敌人都容易战胜，唯独自己是最难战胜的。有位作家说得好：“自己把自己说服了，是一种理智的胜利；自己被自己感动了，是一种心灵的升华；自己把自己征服了，是一种人生的成熟。大凡说服了、感动了、征服了自己的人，就有力量征服一切挫折，痛苦和不幸。”

人有了信心，就会产生意志力量。弱者与强者之间、成功者与失败者之间，最大的差异就在于意志力的差异。人一旦有了意志的力量，就能战胜自身的各种弱点。

敢于尝试，改变自己的人生

尝试，是对机遇的一种探索，也是对成功的一种尝试。不敢冒险去尝试的人往往难以抓住机遇取得成功。

西红柿原产于南美洲，它圆圆的个儿，红红的颜色，看着就令人喜欢。但是当地人在很长的时间却一直怀疑它有毒，不敢碰它，更不敢吃它，还给它起了一个十分吓人的名字，叫作“狼桃”。一直到 18 世纪，有一位法国的画家抱着献身的精神，决心要尝一下它的味道。

这位画家在吃西红柿之后就躺在床上等着上帝的“召见”。但是，时间过了好久，他不但没有死去，而且没有感到任何不适。原来，西红柿是可以吃的。

还有一则故事讲的道理与此类似，这个故事有着一个极其动听的名字，叫作“黄金距离三厘米”。

家住美国马里兰州的达比和他叔叔一起到遥远的美国西部去淘金，他们手握鹤嘴镐和铁锹不停地挖掘，几个星期后，终于惊喜地发现了金灿灿的矿石。于是，他们悄悄将矿井掩盖起来，回到家乡，筹集大笔资金购买采矿设备。

没多久，淘金的事业便如火如荼地开始了。当采掘的首批矿石运往冶炼厂时，专家们断定，他们遇到的可能是美国西部罗拉地区藏量最大的金矿。达比仅仅用了几车矿石，便很快将所有的投资全部收回。

达比怎么也想不到的是，正当他们的欲望在不断膨胀的时候，奇怪的事发生了：金矿的矿脉突然消失！尽管他们继续拼命地钻探，试图重新找到金矿石，但一切终归徒劳。万般无奈之际，他们不得不忍痛放弃了几乎要使他们成为新一代富豪的矿井。

然后，他们将全套机器设备卖给了当地一个收购废品的商人，带着满腹遗憾回到了家乡。

在他们刚刚离开后的几天里，收废品的商人突发奇想，决定去那口废弃的矿井碰碰运气。为此，他还专门请来一名采矿工程师。只做了一番简单的测算，工程师便指出，前一轮工程失败的原因，是由于业主不熟悉金矿的断层线。考察结果表明，更大的矿脉距离达比停止钻探的地方只有 3 厘米！

故事的结局是，达比终其一生只是一名收入仅够养家的小农场主，而这位从事废品收购的小商人，最终成了西部巨富。

达比虽然付出了很大的努力，他获取的却是罗拉地区最大金矿的一个小小支脉；收废品的商人虽然只花费了很小的代价，却通过一口废弃的矿井，成功地拥有了最大金矿的全部。

前者是一种命运，后者也是一种命运。这两种截然不同的命运背后，原本暗藏着一次完全相同的机遇。不同的是，面对“失败”和“不可能”，一个轻易放弃了，另一个却敢于尝试一次。

人生有很多“一万”，却没有那么多“万一”

有一句非常有道理的谚语：我们百分之九十的担心都是多余的，剩下那百分之十也是过分的。那么，你有多少精力耗费在了多余的担忧上呢？

“万一失败了怎么办？”“万一把领导得罪了怎么办？” “万一客户不喜欢怎么办？”“万一她讨厌我怎么办？”……无论是在工作还是在生活中，我们总喜欢把未知的事物想得太复杂，认为会有很多意外。殊不知，越是这样，越容易错失机会！别用太多的“万一”束缚自己。你连试都没试过，怎么就知道一定不可行呢？

我曾在微博上看过这样一段文字，甚是令人警醒：18 岁读大学，问你的理想是什么，你说环游世界；22 岁读完大学，你说找了工作再去；26 岁工作稳定，你说买了房之后再说；35 岁有了孩子，你说等娃娃大一点儿再出发；40 岁孩子大了，你说养好老人再走……于是拖来拖去，等到头发苍白、牙齿落光，依旧没能行动。

万一，说到底也只是一个小概率词语。我很喜欢这样一句话：“为什么要为了万一，而放弃万分之九千九百九十九呢？”要知道，万分之一，只是个小概率的事件，并不一定会落到你的身上。退一步讲，即使真的不幸被你摊上了，又能怎样？无数的解决办法，无数的出路选择，总有一个能将风险化解于无形。

说得再多，也不如行动来得实在。回想一下身边的成功人士，哪一个不是行动派的代表？

不怕万一，敢于行动，梦想就在前方！我非常喜欢纪录片《侣行》，片中的两位主角梁红和张新宇，在零下71℃的奥里米亚康艰难前行，在万恶之都索马里历尽凶险。可不管他们的旅程有多么艰辛，他们都没有因为那些“万一”而止步。他们实现了我们无数人曾经的梦想。

所以，别总是自寻烦恼，也别总用“万一”来迷惑自己，这些都是弱者的推脱之辞。你连做都没做过，怎能轻易地下决定呢！与其为了虚无缥缈的“万一”忧虑不前，不如等它真正到来的时候再寻求解决的办法。

“万一”并没那么可怕，它给我们带来麻烦的可能性并不比它给我们带来利益的可能性大。你根本没必要去和“万一”对抗。你只要练习让自己专心致志，把所有注意力都集中到眼前的问题上，你就会发现曾经困扰你的那些担忧早已消失不见。

当你的头脑里充满了担忧时，你永远都抽不出时间来实践那些对你有益的计划。但是如果你把精力集中到明智的、有益的思考上，你将会发现你从潜意识里就会把精力用在有益的事情上。而一旦你能达到这种境界，你会发现设想中那些大有裨益的计划和方法都会派上用场。你只要保证自己的精神状态端正，所有的事情都会向着对你有利的方向发展。你必须把自己头脑里的担忧完全排除出去，因为，你从担忧那里得不到任何好处！

由于外在的影响和内在的彷徨，我们从小就习惯杞人忧天，也因此在人生的竞技场上不断转换跑道，到最后才发现自己一事无成。从今天起，请抛去那些杞人忧天，给自己一个独自决定的机会，坚定去做，这样才有机会获得真正的成功。

输不丢人，怕才丢人

人生战场上，战，可能败；不战，肯定输。输，并不丢人；怕，才是真正的丢人。

到处哭诉敌人如何强大，把自己的敌人描述得无法战胜。这样的人之所以会输，往往不是能力不够，而是勇气不足。

曾经在各地电视台连创收视纪录的热播电视剧《亮剑》中有这样一段话：古代剑客和高手狭路相逢，假定这个对手是天下第一剑客，明知不敌，也要毅然亮剑，哪怕血溅七步，也虽败犹荣。

该剧主人公李云龙之所以能百战百胜，就在于他的这种面对强敌敢于亮剑的强者心态。此剧最出彩的地方应该是主角李云龙在军事学院做毕业论文时说的那段话：“作为一名军人，明知不敌，也要敢于亮剑，这就是中国军人的军魂！”就像武侠小说中所描写的侠客一样，要敢于过招，而且要该出手时就出手，这是李云龙一生戎马生涯的真实写照，也是他作为一名中国军人指挥作战时的原则，更是他作为一名中国军人“宁可战死，不被吓死”精神的写照。这种精神无疑是可取的、可贵的、可赞扬的、可提倡的。

狭路相逢勇者胜！李云龙不信邪、不信神，只相信自己的队伍，相信自己的实力，相信自己的智慧，这是他自信心和才能的充分展露，也是古代侠者之风的再现——遇到强手，不能气馁，不能怯阵，不能手软，不能不敢战，更不能不敢胜，要敢于对敌，要敢于出手，要敢于杀敌，要敢于拼命，要从心理上压倒敌人，要从气势上震慑敌人，要从狠劲上吓跑敌人，自己方能争取生机，取得最后的胜利。否则，怯战也得战，怕输更得输，怕死还是死。李云龙的带兵生涯就充分地证明了这个观点，他历次以弱胜强、以寡胜多、转败为胜的生动战例就是很好的佐证。

现实生活中，我们经常看到一些人，他们总是不停地抱怨自己的不能成功是因为其他的原因，或是别人影响了自己获得成功的机会。他们有时甚至认为，是生存的时代不能给他成功的机会，因此整日怨天尤人。更有甚者会走向极端，报复社会，不仅给自己造成伤害，还造成不良的社会影响。

相反，有胆量的强者从来不向别人抱怨，因为他们没有抱怨的理由，他们能勇敢地面对事实，通过自己的努力来实现理想，从不靠等待和别人的怜悯。因为他们知道，成功总是发生在无声无息中，一个用勇气面对一切的人往往能取得成功。

别人可以看轻你，但自己绝对不能看轻自己

别人可以看轻你，但自己绝对不能看轻自己。我们要化劣势为力量，从过去的失败中汲取智慧和勇气，然后努力开拓属于自己的生活和事业，掌握自己的命运。

人的一生，有些条件你自身无法做出选择，比如，出身的富贵与否、智力的高低、相貌的美丽抑或丑陋，这些先天的因素无法由我们自身定义。而其他后天需面对的成长环境或人生际遇，则可以在行动中彰显自我的意愿与态度，按自己的方式选择。

所以，我们大可不必和别人比高低，更不必瞧不起自己。既然你是一个完整的生命，你就应该拥有自己生命的辉煌。辉煌不是别人给予的，而是自己创造的。生命的价值不依赖我们的财富和地位，也不仰仗我们结交的人物，而是取决于我们本身。我们是独特的，永远不要忘记这一点。生命没有高低贵贱之分。一只蜜蜂和一只雄鹰相比，虽然不起眼，但它可以传播花粉从而使大自然色彩斑斓。所以，任何时候都不要看轻了自己。

美国汽车大王亨利·福特年轻时，曾到一家高级餐厅吃饭。衣着朴素、相貌平平的他在餐厅里呆坐了差不多 15 分钟，居然没有一个服务生过来招呼他。最后，餐厅中的一个服务生勉强走到桌边，问他是不是要点菜。

亨利·福特连忙点头说是。只见服务生不耐烦地将菜单粗鲁地丢到他的桌上。亨利·福特刚打开菜单，看了几行，服务生便用轻蔑的语气说道："菜单不用看得太详细，你只适合看右边的部分（意指价格），左边的部分你就不必费神去看了！"

亨利·福特非常生气，真想痛斥对方一顿，但他很快冷静下来，心想：别人轻视我，并非毫无道理。我希望得到别人的尊重，除非我真的值得别人尊重。此时他记起了母亲反复告诫他的一句话："你必须去面对生活给予的不愉快的事情。你可以怜悯别人，但你一定不能怜悯自己。"于是，他合上菜单，平静地说："请给我来一份汉堡。"

从那之后，亨利·福特给自己立下志向，不管怎样，以后一定要成为社会中顶尖的人物。后来，亨利·福特一直朝着自己的梦想前进，最终由一个平凡的修车工人，逐步成为美国叱咤风云的"汽车大王"。

人只有机遇、分工的不同，但本质都是同样的高贵。别人可以轻视我们，但我们自己不能轻视自己，因为我们和他们一样，同样是独一无二的，是没有人可以取代的。我们要体现自己的作用和价值。

我们的价值并不在赚钱的多少和权位的高低上，那些只是身外物，我们的价值应该在于发展自我，使自我成长，成为与自己潜能相符的人。

莎士比亚曾说："假使我们自己将自己比作泥土，那就真要成为别人践踏的东西了。"很多的时候，我们总是不敢相信自己，总是认为别人比我们要强很多，一件事情要得到别人的肯定才是正确的。我们羡慕着别人的才能、幸运和成就，同时，我们最大化地浪费着自己。可事实上，除了我们自己以外，没有人能贬低我们。如果我们坚强，就没有任何人能够打败我们。

成功靠的是胆量，失败全在于懦弱

要成功，就要在自己的字典里删除懦弱这个词！要时刻为自己鼓劲，要有成功的胆量，相信自己一定能成功。

面对机遇，很多人通常不是大胆挑战，而是认为自己不行，懦弱地选择了逃避，从而丧失了成功的机会。回想一下过去的你，曾有过这种被懦弱打败的经历吗？再正视一下现在的你，还存在这样的缺陷吗？

我认识一位小有名气的编辑。三年前，她还是一位大四的学生。暑假前夕，有一家美国机构的中国区总裁到她所在的大学做了一场大型讲座，讲座十分出色，激发了她许多想法，她一边听讲座一边根据感受写了一篇文章，讲座结束时，她突然有一个冲动：把自己写的文章给那位总裁看看。

这个念头一出现，她立刻又犹豫了：我行吗？不会是去丢人吧？

但转念又一想：丢人就丢人吧，反正以后可能再也见不到他了！于是在众人的"围困"之中，她把这篇文章交给了总裁。没想到，两天之后，她突然接到了这位总裁打来的电话，告诉她这篇文章写得很好，希望她写出更多这样的好文章。

不久，她开始实习了。她突然又有了一个想法：去北京实习，将来留在北京发展！可在北京，她没有熟人，唯一认识的就是这位总裁，于是她想，能不能找找他？这时，她又一次有了畏惧的念头，那个“我不行”的想法，又像蛇一样地在她心中抬头了。但是她还是一咬牙，向这位总裁表达了自己的愿望，并希望他帮自己联系一个新闻出版单位。

没想到，这位日理万机的总裁对她这种主动精神十分欣赏，很快帮她联系到一家有名的报社，并鼓励她发挥特长，走向成功。不到两个月的实习，她便发了好几篇有分量的文章。在实习表上，报社给了她非常好的鉴定意见。毕业时，这份鉴定和她发表的文章对她应聘起到了很积极的作用——北京一家有名的出版社很快录用了她。

我问她怎么能进入这样好的出版社？她讲了自己的这段经历，然后感慨地说，当初她开口请这位老总帮忙，是经过很多次思想斗争的。一方面想到这位老总是位“大人物”，怎么可能给一个刚刚认识的学生帮忙？于是便打起了退堂鼓。另一方面，她又想：不试试怎么能知道？最终，勇气还是战胜了胆怯。没想到，事情一下子就成了。她说：“幸亏自己没有被当初的念头束缚住。”否则，她即使有再好的梦想，也难以实现了。

这样的成功体验，后来被这位大学毕业生全部用在工作中。不论是编稿、约稿，还是处理别的业务，一遇到有问题想打退堂鼓的时候，她总会对自己说：“要成功，就要在自己的字典里删除‘懦弱’这个词！要时刻记得为自己鼓劲，要有成功的胆量，相信自己一定能成功！”

正因为有着这种改懦弱为勇气的坚定信念，她工作做得十分出色，很快成为单位的骨干，三年的时间就成为了行业内有名的年轻编辑。

这个案例对所有面临机遇想要退缩的人来说，都应该有借鉴意义：我们之所以不成功，不是由于别人否定我们，而是自己否定了自己；不是“我不行”，而是由于我们本来行，却偏偏要懦弱地对自己说“我不行”。我们没有被生活打败，却被自己心里的懦弱念头打败！其实，很多时候，只要你带着自信和勇气去敲成功之门，就会发现它比你想象的更容易打开。

第五章

有一种成功，叫作体面并有尊严地输

“敢于去赢，但是也要敢于有尊严和体面地输”，这是体育界提倡的一种比赛精神，也是我们面对输赢时的一种正确态度：体面，即要输得起；有尊严，即输得坦荡，输得无愧于心。

进退得当，从容面对失败

懂进退的人，才能利用时机成就自己。只退不进，是懦夫；只进不退，是莽夫。进退得当，才能从容面对成败，潇洒成就人生。

有句话说得好：“进，固然需要努力；退，更需要智慧用心。”

进，单就绝对的前进而言，容易。别人进，我也进，同进同乐，岂不快哉！不用自己的思考，不用独特的视角，不用出众的智慧，顺着大流走，那样就万事俱佳了。

退，却不像世俗所认为的那样简单。在茫茫人潮趋之若鹜争抢前方利益的时候，旁若无人地从容而退，勿瞻前顾后，勿优柔寡断，只向着一个人的方向，义无反顾。

我认识一个步入社会不久的年轻人，他在一家广告公司任职。刚开始，他自恃有几分才气，十分冲动，渐渐地，他觉得自己在公司的日子不好过了。在以后的日子里，几乎每次会议上他都会挨批。当他挨批成为会议中的保留节目时，他十分苦闷，真想一走了之。在和我倾诉了自己的烦恼之后，我问他：“公司里业务的每一个环节你都学会了吗？”他回答说“没有”。“你愿意背着毫无见树的名声离开吗？”“不愿意，可是我在哪里也一样说不清啊！”“那不一样。你何不学会了所有的业务之后再离开呢？”他仔细考虑了我的话，认为很有道理，于是便坚持了下来，收拾好心情，低头实干，在公司源源不断地“充电”。一段时间之后，他兢兢业业的工作为他赢得了实实在在的业绩。一笔又一笔的业务也增长了他的信心和经验。而这时候他发现，那些中伤他的言语也已不攻自破，而他也不想再离开了。

漫漫人生路，退一步、等一等，不过是歇歇脚，为走得更远做准备，低一低头，更是为了将来的昂首。以退为进的等待能让你从“山穷水尽疑无路”转眼便走入“柳暗花明又一村”。航行中的船只，在预见到大风浪的来临时，并不是要迎头冲上去，而是要暂避到无风的港湾去。在自己实力强大时，迎头痛击对手是谋略；而在明知不敌之时，暂避锋芒，以退为进才是大智慧。

宠辱不惊，坦然面对得失

人生得失，转眼即逝如浮云；看淡得失，才能活得更加舒心和潇洒。

1904 年，法国数学家庞加莱提出一个猜想：任何一个封闭的三维空间，只要它里面所有的封闭曲线都可以收缩成一点，这个空间就一定是三维圆球。这就是“数学界七大难题”之一的“庞加莱猜想”。此题曾令无数数学家望而却步。

为了能征服这个数学领域的难题，2000 年，美国麻省克雷数学研究所专门设立了一个奖项，悬赏 100 万美元，寻求破解此题的方法。“谁解开了‘庞加莱猜想’，谁就能名利双收！”面对如此诱惑，全球数学家争先恐后。然而，尽管无数人为之想破了脑袋，此题却一直悬而未解。

直到 2003 年，一个名叫格里高利·佩雷尔曼的人解开了“庞加莱猜想”。佩雷尔曼是俄罗斯一位名不见经传的数学研究员。成名后，许多人让他谈谈破解“庞加莱猜想”的经验、思路以及对成功的认识。但性格古怪的佩雷尔曼不但拒绝了媒体的采访，而且对百万奖金充满了不屑。他丢下一句“我无需什么来证明我的成就”后，就告别尘世喧嚣，隐居到圣彼得堡乡下。佩雷尔曼的功成身退，不能不说是数学界乃至整个人类社会的一大遗憾。

佩雷尔曼住在一个棚舍里，隔壁是一个贫民窟，里面聚居着一大群光棍。自从佩雷尔曼归隐后，不断有年轻漂亮的女粉丝慕名而来。对于这么一个新邻居，光棍们很纳闷：佩雷尔曼看上去比咱们还邋遢，可为什么会有那么多漂亮女郎甘愿对他投怀送抱？

某天夜晚，他们来向佩雷尔曼讨教其中的“秘诀”。佩雷尔曼听后，指了指天上的月亮，狡黠一笑：“谁能追到它，我就告诉谁。”众光棍撒腿就跑。但月亮明显跑得快多了，远远地把他们甩在后面。两个小时后，光棍们气喘如牛，汗似雨下。佩雷尔曼却说：“你们慢慢向前走，然后回头看看月亮。”光棍们将信将疑地照做了。一小会儿后，他们偷偷朝后瞥了一眼：月亮撩开了面纱，欲遮还羞，正悄悄地跟着走呢！他们不明白佩雷尔曼葫芦里卖的是什么药。

这时，这位天才数学家突然严肃了起来，说道：“世上好多事就是这样，你越求之心切，越患得患失，反而越得不到它。而当你心无旁骛地赶着自己的路时，它却紧紧地追随着你。”不知有没有人听懂，反正第二天，他的这句话被刊登在《真理报》头版头条。

署名为“杰霍夫”的记者对此发表评论说，坦然面对得失的心态是破解“庞加莱猜想”，也是成就一切大事的必由之路。佩雷尔曼看到报纸后，惊讶得说不出话来。他不知道，当晚“杰霍夫”就潜伏在光棍群中。

人世间的许多事情没必要斤斤计较，有所得必有所失。《幽窗小记》中有这样一副对联：“宠辱不惊，看庭前花开花落；去留无意，望天外云卷云舒。”

一副对联，寥寥数语，却深刻道出了对事对物、对名对利应有的态度：得之不喜，失之不忧，宠辱不惊，去留无意。唯有这样才可能心境平和、淡泊自然。一个“看庭前”三字，大有躲进小楼成一统，管他春夏与秋冬之意，而“望天上”三字则又显示了放大眼光，不与他人一般见识的博大情怀；一句“云卷云舒”更有大丈夫能屈能伸的崇高境界。

为自己加油，为对手喝彩

在取得胜利时千万不能过于嚣张，要善待失败的对手，尊重他的成绩，留给他一份尊严。

在别人赢的时候，你或许还能予以喝彩，但在别人输的时候，你能否给对方以尊重呢？

1991 年 7 月 1 日晚，在法国阿斯克新城举行的国际田竞赛，吸引了两万多观众。他们主要是来观看美国的卡尔·刘易斯和加拿大的本·约翰逊汉城奥运会后首次在 100 米赛跑中较量的。在汉城奥运上，本·约翰逊因服用违禁药物被取消了成绩，判罚停赛两年。这一年复出，两人再次同赛角逐，格外引人注目。

但比赛结果出人预料，美国另一名好手米切尔摘取了桂冠，卡尔·刘易斯获亚军，而本·约翰逊只列第七名。尽管如此，曾获 6 枚奥运会金牌的卡尔·刘易斯对能击败本·约翰逊感到很满意。赛后，本·约翰逊想跟卡尔·刘易斯握手，但遭到拒绝。

众所周知，在 1988 年汉城奥运会上，本·约翰逊以 9 秒 79 的惊人成绩创造了“世界纪录”。当时，也是在 100 米决赛的终点处，卡尔·刘易斯走上前来同他握手，表示祝贺，他却有意视而不见，傲慢地一扭头，擦肩而过。

细心的观众都会记得这段经过，这一次轮到自己头上了，本·约翰逊失败后，被卡尔·刘易斯还以颜色。

如果说卡尔·刘易斯不给本·约翰逊面子的话，那本·约翰逊就是不给对方尊严，所以他才会“以其人之道还治其人之身”。

任何人的成败得失都是暂时的，相对的。世界上不存在永久的、绝对的成功和永久的、绝对的失败。

此时，你成功对手失败，将来完全可能是你失败对手成功。此时，你成功对手失败，你如果能真诚地理解他、援助他，他日你失败对手成功之时，你当然也能得到他的理解和援助。只有求得这样一种和谐平衡的竞争关系，与对手互相理解、互相援助，才能免去许多不必要的烦恼和痛苦，你在人生的旅途上才会越走越宽阔，越走越顺畅。

况且，你此刻成功的本身，焉知其中没有包藏着失败的因素？比如，现在看来一次幸福的恋爱，焉知不是一次不幸婚姻的开始？火药被发明出来，它造福人类的同时，也给人类带来了无穷的祸害。乐极生悲之事天天都在发生。他此刻的失败，将是他的成功之母。塞翁失马，焉知非福？无数成功者都崛起在他惨败的时候。

如果你把成败得失放在时间之舟上去称量，就会更加透彻地领悟它对人生意味着什么，从而更清楚地懂得你该怎样对待失败的对手。

人生的所有成败得失，其实质都只是对过去生命的说明，对人们的现在和未来并不产生直接的意义。所有人的未来都是一个未知数，一片空白，都靠人们自己去描写和填充。

在这里，成功的你和失败的他站在同一条未来的起跑线上。在未来的某一瞬间，你可以冲在他之前也可能掉在他之后，结果完全取决于在彼一瞬间与此一瞬间这段时间里，你和他各自如何作为。在这段时间里，成功也许成了你的包袱，拖累你、牵连你，使你无法奋飞。失败也许成了他的动力，催他自新，催他奋起。你和他完全平等，难分轩轾。你们以后的竞争与合作一如往日，你不会比他轻松丝毫。

只有当你这么理解成败和时间的关系、你与失败者的关系的时候，你才能与对手真诚地相处，真诚地理解和合作，自然而然，不存半点虚伪和做作，更不见傲慢和清高。实现这种心境的最大前提是你需要放眼未来，只把成功当作基石，当作一切的序幕，总是期待着自己好戏还在后头。只有如此，对手也才能真心地羡慕你、祝贺你。

千万不要靠损害你的对手来获益

当你把对手当作敌人，企图靠损害对手而获益时，其实就是把自己当作了敌人，一切斗争都是在和自己作对。你不但不会获益，反而会被来自自己的冷箭所伤。

在很多人的头脑中，存在一种观念：只有彻底摧毁对手，自己才有获胜的希望。深入思考一下就会发现，这样的观念其实是错误的。我们已经知道：任何人都离不开对手，我们跟对手既是竞争关系，又是相互依存的关系。好比在森林中，树木相互争夺阳光、养料和水分，是竞争关系，但它们也互相提供协助。假如某棵树打败所有对手成为孤零零的一棵参天大树，它很可能会被大风吹折，会被雷电击毁，而无法独自生存。

人与人之间的关系也是这样，对手不是仇人，双方不是非成即败、非存即亡的关系。如果你有足够的智慧，就可借对手之力达到目的，根本不必依靠损害对手获益。

据说中唐时期，大将军郭子仪平定安史之乱，功勋卓著，在朝中上下威望甚高。近臣鱼朝恩对他心怀嫉妒，将他视为头号政敌，一有机会就在皇帝面前说他的坏话。郭子仪得知此事，一笑置之，从不加以反击。

有一次，郭子仪奉命入朝，鱼朝恩邀请他一同去章敬寺游玩。宰相为了挑拨他跟鱼朝恩的关系，派人告诉郭子仪说鱼朝恩将对他图谋不轨，并劝他不要接受邀请。

郭子仪不信，执意赴会。

他手下的将领们听说后，拿刀挂剑要随同保护。

郭子仪说：“我是朝廷重臣，鱼朝恩没有天子的命令，怎敢暗害我？如果他受皇命而来，那谁也保护不了我，你们这些人去了又有何用呢？”

于是，郭子仪只带了几名家童前往章敬寺。

鱼朝恩见郭子仪仅带几名随从，感到惊讶。郭子仪将听到的消息都告诉了鱼朝恩，并说：“带那么多人来害怕麻烦你。”

鱼朝恩抚胸拱手，说：“如果不是郭令公你这样宽厚待人，这种谣言实在是叫人不得不起疑心啊！”

自此，鱼朝恩打消了敌意，对郭子仪心悦诚服，经常在皇上面前替他说好话。

以郭子仪的实力而论，其手握重兵，夺取皇位也不是没有可能，要对付一个小小的鱼朝恩，易如反掌，他却没有这样做。他以自己的胸怀将一个政敌变成了盟友。郭子仪一生没有因为“功高盖主”而“兔死狐悲”，反而“多福多寿”，位极人臣，享尽荣华，活到近 90 岁，他的子孙后代也兴旺发达，这在历史上的重臣中是极少见的，真可谓“厚德载物”。

古语云：杀人一万，自损三千。靠损害对手而获益，成本极高，往往得不偿失。所以，明智的人，尽量从双方利益出发，以达到共存共荣共赢的结果。

成全对方的好胜心是一种大智慧

人人都有好胜心，若要与人相处融洽，应处处重视对方的自尊心，学会抑制自己的好胜心，成全对方的好胜心。

学生对一位新来的老师感到有些好奇和畏惧。因此，这位老师故意在课堂上说："我的字写得不好看，板书更差，小学时我的书法都不及格。"他以此博得学生一笑，为的是尽快缩短师生之间的距离。有时，他也会说："如何，我的领带漂亮吗？"学生就会暗暗在心里想："这老师真有趣，总注意些小事，可见老师也是凡人。"学生的心情一下子放松了，便对他产生了亲切感。

同样的，在人前演讲，在麦克风前打喷嚏，站不稳，故意出些小失误，就能缓和原来紧张的气氛。听众们对有头衔的大教授都有戒备心，但是看到小的失误后，心里便会想："同样都是人，难免犯些小错。"于是一种亲切感就自然产生了。

与有自卑心理和戒备心的人初见面时的会谈是很困难的，尤其在社会地位有差距时，对方在居下的位置上心中会有胆怯感。此时对方心理上自然会筑起一堵防御墙，这时要做的，首先就是让对方树立"自己不比别人差"的信心，这一点很重要。

在现实生活中，和人相处，也要善于成全对方的好胜心。比如，对方与你都有某种特长，对方与你比赛，你必须让他一步，即使对方的技术敌不过你，你也得让对方获得胜利。但是一味退让，便表现不出你的真实本领，也许会使对方误认你的技术不太高明，反而引起无足轻重的心理。所以你与他比赛的时候，应该施展你的相当本领，先造成一个均势之局，使对方知道你不是一个弱者，进一步再施小技，把他逼得很紧，使他神情紧张，才知道你是个能手，再一步，故意留个破绽，让他突围而出，从劣势转为均势，从均势转为优势，结果把最后的胜利让于对方。对方为得到这个胜利，不但费过许多心力而且危而复安，精神一定十分愉快，对你也有敬佩之心。

不过安排破绽，必须十分自然，千万不要让对方发现这是你故意使他胜利，否则对方便会觉得你虚伪。这样做所面临的难题是，起初你还能以理智自持，比赛到后来，感情一时冲动，好胜心勃发，不肯再作让步，也是常有的事。或者在有意无意之间，无论在神情上、语气上，还是在举止上，不免流露出故意让步的意思，那就白费心机了。

生活中常常有些人，无理争三分，得理不让人，小肚鸡肠。相反，有些人真理在握，不吭不响，得理也让人三分，显出君子风度。前者，往往是生活中的不安定因素，后者则具有一种天然的向心力；一个活得叽叽喳喳，一个活得自然潇洒。有理没理、饶人不饶人，一般都是在是非场上、论辩之中。假如是重大的或重要的是非问题，自然应当不失原则地论个青红皂白，甚至为追求真理而献身。但在日常生活中，包括工作中，就不必为一些非原则问题、鸡毛蒜皮的问题争得不亦乐乎，更没有必要非得决一雌雄。

时下里流行一句话：“玩深沉。”其实，这种场合玩点深沉正显示了大度绰约的风姿。争强好胜者未必掌握真理，而谦下的人，原本就把出人头地看得很淡，更不消说一点小是小非的争论，根本不值得称雄。你若是有理，却表现得谦逊，往往能显示出一个人的胸襟之坦荡、修养之深厚，才会让人打心眼里佩服你。

趁年轻试着输，体面并有尊严地输

> 不管经历怎样的波折和失败，你都不要对未来怀有畏惧，要趁年轻试着输，体面并有尊严地输。

2012 年伦敦奥运会最重要的一句话叫“影响一代人”。有记者提问：“体育如何影响一代人？”伦敦奥组委的一位官员回答：“体育教会孩子们如何去赢。”这句话很普通，也符合我们大多数人的思维，但是他的下一句话让人意外又充满感动：“同时，教会孩子们如何体面并且有尊严地输。”

对于这一点，我有着切身的体会。

初中一年级，学校要选代表队参加全市中学运动会，我被选取参加短跑培训，最后却被淘汰了。我的同桌，学习成绩比我差很多，但他跑得很快，结果被选上了。我的确跑不过他，我输了！

输无疑是痛苦的，代表你这一次不如别人；认输则更加痛苦，代表你可能这辈子永远都不如别人。

到了高中时，我又经历了另一次刻骨铭心的输。全校足球赛，因为我们班有三个校队选手，所以我们认为冠军应该是我们的。没想到，第一场我们就输了。为什么会这样呢？这怎么可能呢？我懊悔、生气，但又能怎样，输就是输。

上了大学，我输得更加厉害了。大学时代，我打斯诺克。当时丁俊晖的一杆成名带起全国性的斯诺克热潮。我从小喜欢台球，很快也就熟悉了斯诺克这项运动。可大学四年里，我却在球桌上几乎没有赢过一个女生。

当输变得不可避免时，我所能做的就是输得少、输得不难看，并尽量体面并有尊严地输。

运动如是，人生亦如是，是一场永无止境的竞赛，随时会有输赢，随时都会有结果。赢不需要学习，更不需要适应，因为成果甜美，只需尽情享受赢的感觉就好。输是挫折、是痛苦，更可能是灾难。人人都不想输，害怕输，但一定会有输的时候。所以输需要学习、需要适应、需要理解、需要知道如何不输。

真正的人生不是单纯的比赛，我们当然要力争去赢，但也要正视输，知道如何适应输，从输中学习，努力尝试不输。

我很庆幸，从小就爱好运动，在运动中我明白输的本质，熟悉输的感觉，知道输的痛苦；在输中得到教训，也知道如何才能避免输，并从输变成赢。

小学的短跑，让我知道有些事是不可能改变的，比如，我的身材，让我在短跑的舞台上不可能赢，所以这不是我的舞台。我知道人生要先选对战场，否则永远是输家。

高中的球赛，让我知道再强的球队，稍有不慎，都有可能失败。在比赛中，每一分、每一秒、每一场、每一个过程，都要摒弃恐惧，都要全力以赴，否则就会跌入痛苦的深渊，万劫不复。

大学的斯诺克，让我知道怎样努力练习，让我知道输还有许多不同的层次——就算输也要体面并有尊严，要输得让对手为你鼓掌，从我个人的角度讲，甚至是让赢家爱上你。

再回到生活中。目前社会上有一个非常糟糕的现实：一切都要成功，一切都要赢。可事实上，有赢必有输，社会上不可能都是赢家。从输中汲取经验教训，输得体面并有尊严，有时候比学会如何赢更重要。尤其在年轻的时候，更要抓紧时间尝试。

己所不欲，勿施于“敌”

自己不想做的事，没必要强迫别人去做，哪怕这个人是你的对手甚至敌人。凡事要留有余地，给自己留条退路，也就是给自己设计好了出路。

有一天，孔子的学生子贡问老师：“有没有一个字可以作为终生奉行的不渝的法则呢？”孔子回答：“其恕乎？己所不欲，勿施于人。”这里的“恕”是凡事替别人着想的意思。后面一句的意思是，自己不喜欢做的事，不要加在别人身上。

这句话可视作待人处世的基本修养，如能做到这一点，我认为即使是在竞争中，你也会给自己和他人都留下进退的余地，这样就可以建立良好的人际关系。

战国时，魏国与楚国交界，两国在边境上各设界亭，亭卒们也都在各自的地界里种了西瓜。魏亭的亭卒勤劳，锄草浇水，瓜秧长势极好，而楚亭的亭卒懒惰，不事瓜事，瓜秧又瘦又弱，与对面瓜田的长势简直不能相比。楚亭的人觉得失了面子，乘夜无月色，偷跑过去把魏亭的瓜秧全给扯断了。魏亭的人第二天发现后，气愤难平，报告给边县的县令宋就，说我们也过去把他们的瓜秧扯断好了！宋就说：“这样做显然是很卑鄙的！我们明明不愿他们扯断我们的瓜秧，那么为什么再反过去扯断人家的瓜秧？别人不对，我们再跟着学，那就太狭隘了。你们听我的话，从今天起，每天晚上去给他们的瓜秧浇水，让他们的瓜秧长得好。你们这样做的时候，一定不可以让他们知道。"魏亭的人听了宋就的话后觉得有道理，于是就照办了。楚亭的人发现自己的瓜秧长势一天好似一天，仔细观察，发现每天早上地都被人浇过了，而且是魏亭的人在黑夜里悄悄为他们浇的。楚国的边县县令听到亭卒们的报告，感到十分惭愧又十分的敬佩，于是把这件事报告了楚王。楚王听说后，也感于魏国人修睦边邻的诚心，特备重礼送给魏王，既以示自责，亦以示酬谢，结果这一对敌国成了友好的邻邦。

宋就在智慧谋略方面，显然高于那些亭卒，正是因为他懂得"己所不欲，勿施于'敌'"的道理。

宽恕别人可以造成一种重大局、尚信义、不计前嫌、不报私仇的氛围，成就双方宽广而又仁爱的胸怀。日常生活事务的处理又何尝不是这样？尤其是对初涉世事的年轻人来说，由于一切茫然无知，总是时时处处小心翼翼，左顾右盼地想找出人事上的参照物来规范自己，约束自己，这种反应当然是正常的。但殊不知，有时以此处世反而会导致初衷与结果的南辕北辙。因为在各人的眼中，自己的位置是各不相同的，并没有统一的标准可以提供给你。所以，不妨就按照"己所不欲，勿施于人"的原则，反求诸己，推己及人，则往往会有皆大欢喜的结果。

自私自利之人，往往不懂得推己及人的道理，往往毫无顾忌地损害他人的利益，把苦转嫁到旁人身上。以这种方式处世，走到哪里，就会被人骂到哪里，真是既损人又损己。

第六章

有一种智慧，叫作“许败不许胜”

很多时候，求败可以隐藏实力，让别人永远搞不清楚你到底有多少本钱，而这就是你在必要时求胜的最好资本！

屈伸有道，必要时求败而非求胜

事事都争胜，容易引起别人的嫉妒，有时反而会影响你追求更大的胜利和最终的胜利，所以要懂得屈伸之道，必要的时候宁可求败，也不要求胜。

追求胜利是人上进的表现，可是在社会生活中，事事求胜却不一定是好事。有时候，“求胜”反而是“失败”的前奏曲！

在争取及维护自己的权利时，妥协往往是必需的。如果你事事都要争胜，那很容易成为众矢之的。不求一时胜利，甚至策略性地“小事求败，大事求胜”，或许是最佳的处世策略。

社会无处不充满竞争。人们在每一场竞争中都希望自己成为最后的胜者，而人的一生要参与的竞争不可胜数，要求自己每一次竞争皆能胜出，绝不是最佳的处世策略。有时候，适当表现自己的无能，适当让自己失败几次，效果反而会更好。

有一部电影的情节是这样的：

男主角为了查案，想办法混入某一帮会。该帮会的规矩是：欲加入者必须接受该帮会三名“高手”的挑战。结果男主角先后“摆平”了前两位“高手”，最后碰上帮主。两人在经过十数回合的交手后，男主角俯首认输。女主角知道男主角功夫高强，对他的认输迷惑不解。

男主角回应说，如果他打败那位帮主，自己就要取而代之，成为帮主。可是，当帮主不是他所愿，也无助于查明案情，何况他也不一定能带得动这些人。为了收服这些人的心，还得花很多心思，这对查案无益。因此他不求胜，反而故意求败，给了那位帮主及全体“弟兄”面子。他自己因为坐上了第二把交椅，接近权力核心，反而更容易了解案情！

这虽然是部电影，情节却相当合乎人性丛林的法则，那就是：你的胜利是别人的失败。失败者的心情极端复杂，他可能真正臣服认输，但也有可能在心底埋下一粒复仇的种子。若两人光明正大再度对决则无大碍，怕就怕他在背后射冷箭。此外，胜利也会为你带来很多人际关系上的变化及负担，或许这也算是为胜利所付出的代价吧！不管怎么说，在现实生活中，让所有人都有成功者的荣耀感才是最明智的选择。

在竞技场上，选手应该顽强拼搏，竭尽全力以争取胜利。但在人性丛林中，事事求胜却是愚者。当然也不是说凡事都要做个失败者，而是说你应该审时度势，权衡利弊：

——取得这次胜利对我有何价值？有何意义？

——为了这个胜利，我将付出什么样的代价？

——打败对方，对我的人际关系将会产生什么样的影响？

——“失败”和“胜利”相比较，是利大于弊还是得不偿失？

明白了这些道理之后，你就懂得该求胜就求胜，并且有承担因“胜利”引发的一系列后遗症的心理准备。如果没有必要求胜，那么就求败吧。

不过求败也是需要讲究技巧的，不可不战而败，那样会引起对手的不满与怀疑，反而对你更加不利。你必须假装已经竭尽全力了，但是由于技不如人，或者对手技高一筹，你不得不承认失败。这样的失败虽败犹荣，也会让对手产生成就感，从而更加尊重你。

孔子说：“尺蠖之屈，以求伸也；龙蛇之蛰，以存身也。”这些道理告诉我们，屈是伸的基础，不会屈就不可能伸；经受不了委屈的人，最终也成不了多大的气候。

在生活或事业处于困难、低潮或逆境时，运用“屈”的智慧，坦然承认失败，往往会收到意想不到的效果；反之，该屈时不屈，去伸，难免遭到沉重打击。

掌握藏锋之术，夹起尾巴做人并不丢人

很多时候，自己明明有才能、有见地、有抱负，但也要懂得深藏不露，甚至低头弯腰，装作不如人，因为只有这样，你才有可能获得一展抱负的机会。

同样具有耀眼的才华，同样在社会中奋发，有的人能卷起万丈狂澜，干出惊天动地的伟业；有的人则在浪涛中扑打了几下就沉入海底，好似昙花一现；有的人如水面泡沫般瞬间消失，成了来也匆匆、去也匆匆的过客；有的人则被波澜冲刷、荡涤再也找不到踪影。纵观人类历史的长河，阅尽古往今来的风云人物，可以发现，凡能够做到不形于色、不形于言，善于隐态藏锋，匿壮示弱者，大都能够顺利走过人间坎坷。

清朝末年的醇亲王奕谖就是个懂得夹起尾巴做人的人。他在血雨腥风、瞬息万变的清末政治风云中，不但保全了性命，而且官越做越大，成为权重一时的人物。

奕谖为慈禧太后上台垂帘听政立下了汗马功劳，被授以都统、御前大臣、领侍卫内大臣。但是，不久以后他就看到清廷内部权力斗争的残酷无情，特别是比他功劳更大、地位更高的奕䜣，曾因小过险遭罢斥之祸之后，奕谖的处世态度顿时大为改变，时时事事谦恭谨慎。他特意命人仿制了一个周代的欹器。这个欹器若只放一半水，就可以保持平衡；若是放满了水，则会倾倒，使全部的水都流出来。奕譞还特意在欹器上刻了“谦受益，满招损”的铭词。

很多时候，言语露锋芒，行动露锋芒，就是自己为自己的前途设下障碍，有时为了掩藏锋芒，有必要故意效法古人之三缄其口；即使不得不开口，也应该多方审慎。在行事方面，也应该如此。

当然，你也许会说，采取这样的办法不是永远没有人知晓你的能力了吗？其实，藏起锋芒并非让你藏一辈子，只是为了让你在合适的时机再展露。至于这个时机，每个人需要自己去做出判断。只要一有表现自己才能的机会，就适时地做出骄人的成绩来，这时你必然能获得大家衷心地佩服和赞赏。

锋芒过露，弊大于利。锋芒好比是额头上长出的角，额上生角必然会很容易触伤别人。如果你不去想办法磨平，时间久了别人必将去折你的角；角一旦被折，伤害也就大多了。

有一句至理名言，叫作“只能你去适应这个社会，不能让这个社会适应你”，你纵然有再大的抱负和才华，也只能先隐藏和掩盖起来，夹起尾巴做人，隐忍处世。等到时机成熟的时候，再一展自己的才华和抱负，这是为人处世的一个准则，也是“许败不许胜”的一种智慧表现。

凡事不必都争强好胜，示弱亦是一种大智慧

与其外表坚强，不如内心强大；与其外表张牙舞爪，不如内心平静。学会示弱，你会得到更多。

《现代汉语词典》是这样解释“示弱”的：“表示比对方软弱，不敢较量。”词典的解说不仅仅是一种文字上的注释，更是人们长久以来习得的一种社会文化概念，这种概念可以深深地根植于人们的观念之中，影响人们的行为与判断。

著名心理学家刘明的《让心起舞》一书中也提到了“示弱”，虽然用语不多但是掷地有声。书上说：示弱是一种很高明的做人境界。书中有这样一段描述：那一次，与朋友一起对什么是宽容进行的交流很是让我记忆深刻。讨论起源于《读者》上的一篇文章，文章的观点是：当鲜花被人践踏时，它并不抱怨人的残忍，而是将身上芬芳的香气留给了那只曾经使它零落成泥的鞋子。文中认为这是花对人的一种宽容。朋友却不敢苟同。朋友认为，所谓花的宽容其实是一种花的无奈，是一种没有能力抗争的懦弱。真正的宽容应当是，有能力反击对方却放弃了抗击，而给予谦和的忍耐与柔韧的原谅。

我并不完全认同这位朋友的说法，但是对于其中的意义是理解的，也是接受的。就像“示弱”，它背后的意义也是不能与由于自身的虚弱而表现出来的无奈相媲美的。

因虚弱而表现出来的柔弱是一种无力的弱小，其中的本质是无奈。示弱则不同，它应当是一种被力量支撑着的智慧与放下自我的精彩表露。

我认识一个人，是一家国有企业的职工，书读得不多，却自以为非常聪明，总喜欢拿别人“开涮”：你长胖了，他笑你像肥猪；你普通话说得不好，他讥笑你老土；你讲的话不合他的口味，他会想方设法“编排”你……与他交往过的人没几个喜欢他。此君自然是很“要强”的，时刻梦想得到别人的尊重，但他的强大只是表现在打嘴仗、讨点小便宜上，没有什么内在的东西。

有实力的示弱是真正的强大。相反，没有实力的逞能则只是虚架子，到头来不过是黔驴的那几招，早晚都得露怯，就像上面这个人。

有些动物聪明，不是逞能，而是通过示弱来防御。比如，在南美热带雨林中，有些种类的公猴当取得猴王的地位之后，就不想再打斗了。一旦有其他独身公猴来挑战，猴王就用示弱的方式来避免战争。猴王迅速地从母猴的怀中抢下一只幼猴抱在怀中亲昵，来挑战的公猴见猴王怀中抱着幼猴，怕打斗起来伤着幼猴就讪讪地走开了。示弱者的示弱其实是胜利，它保住了自己的猴王地位，继续统领这个猴群。

示弱不是无能者的无奈，恰恰是强者的智慧。就像那个怀抱幼猴的猴王，如果不示弱，就要接受挑战，打个天昏地暗决一雌雄。

人生要是凡事都争强好胜必然处处树敌，即使是强大成秦始皇、恺撒大帝，也无法躲避弱者的暗算。要想远行，就别呼风唤雨地行走。做人处世适时示弱，才能成为真正的赢家。

不要让自己成为一名“赢瘾患者”

为什么竞争就要分出胜负呢？其实竞争像一切战争一样，所有的胜负都是两败俱伤的，没有真正的胜利者。竞争不一定非要赢，抛弃你内心的嫉妒和怨恨，把胜负深藏心底，你的思想才会更富有。

李雷和韩梅梅是对夫妇，两个人都很喜欢跟别人竞争。对他们而言，赢过别人、取得第一名比什么都重要。

除了和别人竞争，他们两人彼此也会有竞争。例如，在晚宴上，两个人都想成为众人瞩目的焦点；他们打球时甚至会为每一分争得面红耳赤。事实上，他们生活得并不快乐，因为在这些竞争的过程中，他们的心灵都受到了伤害。

一位心理学教授曾做过一次“赢瘾患者”的演讲。他说，在那些嗜赢如命、非常喜欢和别人竞争的人眼中，第三名与最后一名没有任何差别。他们的哲学是：赢得胜利就等于一切；世界上只有两类人——胜利者和失败者。

“赢瘾患者”通常在赢得胜利之后，无法回到自己的位子上去，享受自己的成就，因为他们此时正窥视着更远处的东西，他们脑中还在想着下一个胜利。

“赢瘾患者”的人生观，不仅破坏了别人对他们的信任，还会阻碍团队解决问题。试想，由这种处处与人争、处处想高人一筹、处处想驾驭别人的人所组成的团队，能够和平共处吗？这种团队连平衡都掌握不好，又怎么能解决问题呢？太喜欢和别人竞争的人，会让人越来越敬而远之。

当你熟练地掌握了一项技能，或发现可以把某些事情做得非常好的时候，这种感觉确实很好。如果你要提高某项技能，或许你会喜欢和人竞争。如果不做得太过火，那么这样做确实有助于你的能力的提高。但这种激励要控制在一个合理的范围内，太过了，把自己的喜悦建立在别人的痛苦之上，你就无法获得安宁和祥和了。恒久的幸福，很少是从谋取极大的成就和征服中得到的，你只能从中得到无限膨胀的欲望和越来越大的野心的折磨。

当你总是为了赢而和别人争斗不休时，请你仔细想想这样做到底有什么意义？就长远而言，为了争取成功，不择手段而伤害别人，让别人失败，难道是明智之举吗？这样做对你有益吗？你会为此而开心吗？其实大部分时候，你费尽心机抢来的东西根本就不适合你，或者你根本就不需要，而它可能是别人的至宝，那你抢来又扔掉，倒不如不抢而让别人拥有！

为了使我们都能获得最适宜的心灵上的安宁与幸福，我们必须向弥漫于社会的输赢观念宣战，我们也必须打败我们心中的嫉妒和欲望，而以互相合作的观念来取代。

如果你也是个“赢瘾患者”，你需要不断地对自己说：

“击倒别人也无法获得我所需要的真诚和爱。”

“想赢的需求，通常是出于不安和压制别人的欲望。”

“什么都想赢不能说明伟大和高尚，只能证明我的野心和欲望。”

“宽容、慷慨、亲切和信赖才能经得起考验，它们能使我获得别人的尊重，而不是嫉妒和怨恨。”

“互相合作远比竞争来得好。”

“和别人一起做事，为别人做事，通常比为了获得成就而暗中打击别人更能使自己得到进步和提高。”

暂时的让步，只是为了更好地选择

暂时的让步不是完全的失败，而是为了更好地选择，为下一个目标做准备，这就是胜败的道理。一时的让步如果能换来将来的成功，那么让步也未尝不可。

三国时期的蜀汉寿亭侯关羽，人人皆知：过五关，斩六将，单刀赴会，水淹七军，是何等英雄气概。可是他致命的弱点就是刚愎自用、固执偏激，不懂让步。

当他受刘备重托留守荆州时，诸葛亮再三叮嘱他要“北据曹操，南和孙权”。可是，当吴主孙权派人来见关羽，为儿子求婚时，关羽一听大怒，喝道：“吾虎女安肯嫁犬子乎？”

可见，关羽不知道进与退，明明形势微妙，就应该礼貌待人。即便不同意婚事，也不要得罪于人。他却总是看自己“一朵花”，看人家“豆腐渣”，做人不顾大局，不计后果，导致了吴蜀联盟的破裂。最后刀兵相见，关羽也落个败走麦城、被俘身亡的下场。

而与此相反，唐高祖李渊在这方面就做得很好。

616 年，李渊被诏封为太原留守，北边的突厥用数万兵马多次冲击太原城池。李渊遣部将王康达率千余人出战，几乎全军覆灭；后来巧使疑兵之计，才勉强吓跑了突厥兵。在突厥的支持和庇护下，郭子和等人纷纷起兵闹事，李渊防不胜防，随时都有被隋炀帝借口失职而杀头的危险。

在当时的人们看来，李渊是内外交困，必然会奋起反击，与突厥决一死战。不料李渊竟派遣谋士刘文静为特使，向突厥屈节称臣，并愿把金银珠宝统统送给始毕可汗！

李渊为什么会做出这样的让步呢？原来李渊根据天下大势，已决定起兵反隋。要起兵成大气候，太原虽是一个军事重镇，但不是理想的发家基地，必须西入关中，方能号令天下。西入关中，太原又是李唐大军万万不可丢失的根据地。那么用什么办法才能保住太原，顺利西进呢？

当时李渊手下兵将不过三四万人马，全部屯驻太原，应付突厥的随时出没，同时又要追剿有突厥撑腰的四周盗寇，已是捉襟见肘。而现在要进伐关中，显然不能留下重兵把守。唯一的办法是采取和亲政策，让突厥“坐受宝货”，所以李渊不惜向突厥俯首称臣。

李渊的让步策略获得了大丰收。始毕可汗果然与李渊修好。后来，李渊派李世民出马，不费多大力气便收复了太原。

而且，由于李渊甘于让步，还得到了突厥的不少资助。始毕可汗一路上送给李渊不少马匹及士兵，李渊又乘机购来许多马匹，这不仅为李渊拥有一支战斗力极强的骑兵奠定了基础，而且因为汉人素惧突厥兵英勇善战，李渊军中有突厥骑兵，自然凭空为其增加了声势。

李渊让步的行为，虽然有很大牺牲，但在当时的情况下，不失为一种明智的策略。它使弱小的李家军既平安地保住后方根据地，又顺利地西行打进了关中。从长远来看，突厥在后来又不得不向唐求和称臣。这当初的让步可谓是一本万利了。

由此看来，明谋善略者暂时的让步，是赢取对手的资助，最后不断走向强大、伸展势力，再反过来使对手屈服的一条有用的妙计。

在正面冲突中没有所谓输赢

虽然俗话说“不打不成交”，但是打了之后能成交的寥寥无几。所以，何必弄得面红耳赤、关系紧张呢？正面冲突很容易引发误会，甚至结下仇恨。

在正面冲突中，输了自然就是输了；即使赢了，你也是输了。为什么？如果你的胜利使对方被攻击得千疮百孔，证明他一无是处，那又怎么样？你会觉得扬扬自得，但他呢？他会自惭形秽。你伤了他的自尊，他很可能会怨恨你的胜利。而且大多数人即使口服，也很难做到心服。

有一个小寓言：有一次，夜里睡觉、白天飞翔的燕子与白天睡觉、夜晚活动的蝙蝠争论起来。燕子认为日出是早晨，日落是傍晚；蝙蝠却认为日落是早晨，日出是傍晚。它俩叽叽喳喳，争论不休。其实，燕子和蝙蝠由于生活习惯和所处环境的不同，对晨夕各持不同看法很正常，它们的看法是永远不会统一的。

从这则寓言我们可以得出这样的启示：待人处世中不要轻易与人发生冲突，即使非争论不可，也必须看清对象，与根本没有争论基础的人争论，是永远争不出名堂来的。此时，淡然一笑，岂不更好？

第二次世界大战结束不久的某天晚上，卡耐基在伦敦参加史密斯爵士举办的宴会。宴席中，坐在卡耐基右边的一位先生讲了一个幽默的故事，并引用了一句话，大意是“谋事在人，成事在天”。他说这句话出自《圣经》。“什么？《圣经》？！”卡耐基知道这句话不是出自《圣经》，而是出自莎士比亚的《哈姆雷特》。为了表现自己，卡耐基当即纠正了这位先生的错误。不料这却引起了对方的反唇相讥：“你说是出自莎士比亚？不可能！绝对不可能！那句话确确实实出自《圣经》。”

卡耐基的老朋友葛孟先生也在场，他研究莎士比亚的著作已有多年。这时，他在桌下用脚踢了踢卡耐基，说道：“卡耐基，你弄错了！这位先生是对的，这句话的确是出自《圣经》。”

回家的路上，卡耐基不解地问葛孟：“你不是明明知道那句话出自莎士比亚吗？”

“是的。”葛孟回答道，“可是，卡耐基，我们是宴会上的客人，为什么一定要证明他错了呢？那样会使他喜欢你吗？为什么不给他留些面子？”

永远避免跟人家发生正面冲突！世界上只有一种能够在正面冲突中获胜的方法，那就是避免冲突，像躲避响尾蛇和地震那样避免冲突。

有时候，激烈的冲突，可能会使人一时丧失理智，甚至大动干戈。到了这一步，不少人即成了终生的敌人。相反，避免正面冲突，则能为自己赢得朋友。

1754年，华盛顿还是一位上校，当时他率领部下驻守在弗吉尼亚。那里正在选举弗吉尼亚议会的议员。有一个名叫威廉·佩思的人反对华盛顿所支持的候选人。

华盛顿与佩思在关于选举的某一具体问题上发生了激烈的争论。情绪激动的华盛顿说了一些冒犯佩思的话，而被激怒的佩思则将华盛顿一拳打倒在地。华盛顿的部下马上跑了过来，准备替他们的司令官报仇。华盛顿阻止了冲动的部下，并劝说他们返回营地。

第二天一清早，华盛顿递给佩思一张便条，邀请他到当地的一家小酒店去。

不一会儿，佩思便如约而至，他原本是准备来进行一场决斗的。令他感到惊奇的是，他所看到的不是手枪而是酒杯。

华盛顿站起来迎接他，并笑着伸手过去。“佩思先生！”华盛顿说，“犯错误乃人之常情，纠正错误是件光荣的事。我想昨天我是不对的，你已经在某种程度上得到了满足。如果你认为到此可以解决的话，那么请握住我的手——让我们交个朋友吧。”

从此以后，佩思成为华盛顿最坚定的支持者。

人际关系中，尽量求同存异，不要树敌太多。在正面冲突中不妨适当让步，这才是保护自己的明智做法。

第七章
生活相对论：有时，失败也是一种幸福

有成功就有失败，成功能让人感到幸福，失败在很多时候也同样可以，只不过这种幸福需要用大智慧去感悟。

世间少有双全法，懂得选择并学会放弃

世事如棋，需要选择和放弃的太多。而人生的困惑，有时是源于不懂得如何选择和放弃。

我有一个做 HR 的朋友，他们公司在一次招收新的职员时，出了一道很特别的测试题：

你开着一辆车。

在一个暴风雨的晚上。

你经过一个车站。

有三个人正在等公共汽车。

一个是奄奄一息的老人，好可怜的。

一个是医生，他曾救过你的命，是大恩人，你做梦都想报答他。

还有一个女人（男人），她（他）是那种你做梦都想娶（嫁）的人，也许错过就没有了。

但你的车只能坐一个人，你会如何选择呢？请解释一下你的理由。

我不知道这是不是一个对面试者性格的测试，因为每一种回答都有它自己的理由。

老人快要死了，你首先应该先救他。

然而，每个老人最后都只能把死作为他们的终点站，所以有人认为应该先让那个医生上车，因为他救过你，这是报答他的好机会。

同时，还有些人认为，可以在将来某个时候再去报答医生，而选择让自己心动的人，因为一旦错过了这个机会，可能永远都遇不到一个让你这么心动的人了。

我的那位朋友说，那次面试，在200个应聘者中，只有一个人被聘用了。这个人并没有解释他的理由，只是说了一句话：“给医生车钥匙，让他带着老人去医院，而我则留下来陪我的梦中情人一起等公交车！”

我想，看到这里，很多人都会认为这个回答是最好的，却很少有人能够想到。为什么呢？就因为大多数人不懂得选择和放弃。

其实，世间之事，要做到两全其美往往很难，要选择的先决条件就是要抓住重点。其实人最犯难的并不是选择，而是不知怎样选择才好，解决这个问题只有一招——放弃。

罗大佑的《童年》《恋曲1990》等经典歌曲，影响和感动了一代人。罗大佑起初是学医的，后来他发觉自己对音乐情有独钟，所以他弃医从乐。事实证明，他的选择是对的。

篮球飞人乔丹成名前曾转行到一家叫伯明翰·巴伦斯的二流职业棒球队打棒球，只取得了很一般的成绩，后来他放弃棒球，选择篮球，最终成就了自己的传奇。

伽利略是被送去学医的，但当他被迫学习解剖学和生理学的时候，他也学习着欧几里得几何学和阿基米德数学，并偷偷地研究复杂的数学问题。当他从比萨教堂的钟摆上发现钟摆原理的时候，他才18岁。

放弃有时候是十分困难的，甚至是十分痛苦的。适时放弃，不仅需要勇气和胆识，更需要远见和智慧。人生之树，只有舍弃空想与浮华，才能撷取丰硕甜美的果实。

比尔·盖茨中学毕业的时候，他的父母对他说：“哈佛大学是美国高等学府中历史最悠久的大学之一，是一个充满魅力的地方，是成功、权力、影响、伟大等的象征和集中体现。你必须读一所大学，而哈佛是最好的。它对你的一生都会有好处。”

盖茨听从了父母的劝告，进了美国哈佛大学。他当时填的专业是法律专业，其实他并不想继承父业去当一名律师。

盖茨在哈佛既读本科课程又读研究生课程（这是哈佛学生的特权），但他的真正的兴趣依然在电脑上。他曾同朋友一起认真地讨论过创办自己的软件公司的事。他认定电脑很快就会像电视机一样进入千家万户，而这些不计其数的电脑都会需要软件。

大学二年级的时候，比尔·盖茨终于向父母说了他一直想说的话：“我想退学。”

他的父母听了非常吃惊，也非常伤心，但他们无法说服盖茨改变主意。于是，他们请了一位受人尊敬的商界领袖去说服盖茨。

在同这位商界领袖会面的过程中，盖茨像个布道者一样滔滔不绝地向他讲述自己的梦想、希望和正在着手做的一切。这位商界领袖不知不觉地被感染了，仿佛又回到了自己当年白手起家的创业时代。他忘记了自己的使命，反而鼓励盖茨：“你已经看到了一个新纪元的开始，而且正在开创这一伟大的时刻。好好干吧，小伙子！”

父母亲无奈，只得同意了盖茨的要求。

从此，盖茨一心一意地投身于自己的电脑软件领域，他真的在梦想成真，开创了世界瞩目的业绩。

我们的人生之所以充满困顿和挫折，往往是因为我们在关键时刻不懂得如何选择与放弃。难以两全其美的时候，不管放弃有多么困难，有多么痛苦，你都应勇敢地做出选择，否则，你就很有可能“赔了夫人又折兵”。这种结局是完全能够避免的，不是吗？

有时，放弃是为了更好地拥有

放弃自私，放弃虚伪，你就会变得高尚，你生活的天空就会晴空万里。放弃一段烦心的事情，你就会变得踏实，如释重负，坦坦荡荡……有时，放弃是为了更好地拥有。

有时，放弃是为了更好地拥有。正确的放弃，是我们准确地衡量自己、把握自己之后，做出的最现实的决定，它不是保守，不是退缩，而是为了保护自己可以拥有的一切。

登山青年拉斯顿是美国《时代周刊》选出的2003年第一季度最出色的人物。由于对登山的热爱，获得美国匹兹堡卡内基·梅伦大学法语和机械工程双学位的拉斯顿，炒了著名的英特尔公司的鱿鱼后，来到阿斯彭市的登山车商店工作，因此有了许多登山和探险的机会。

拉斯顿的探险经历让他的大多数同事和朋友感到惊讶和敬畏。在科罗拉多州55座海拔超过4300米的高峰中，拉斯顿已爬过其中的49座。

2003年4月26日，27岁的亚伦·拉斯顿一个人来到犹他州蓝约翰峡谷登山。蓝约翰峡谷位于犹他州东南部，风景绝美，但人迹罕至。

拉斯顿在攀过一道约90厘米宽的狭缝时，一块巨大的石头挡住了他的去路。拉斯顿试图将这块巨石推开，巨石摇晃了一下，猛地向下一滑，将拉斯顿的右手连同前臂压在了旁边的石壁上。

忍着钻心的剧痛，拉斯顿使劲用左手推巨石，希望能将手臂抽出来，然而石头仿佛生了根一般纹丝不动。在做了无数次努力之后，精疲力竭的拉斯顿终于明白，单凭自己一个人的力量绝不可能推动巨石，只能保存精力等待救援了。

然而，在接下来的几天里，别说是人，就连鸟也没飞过一只，他就这样吊在悬崖上。没有食物，拉斯顿每天只能喝水。到 4 月 29 日，壶中的最后一滴水也被他喝光了。5 月 1 日早晨，饥肠辘辘、浑身无力的拉斯顿从睡梦中醒来时突然明白，他所在的地方太过偏僻，即使有人为他的失踪而报警，救援人员也不可能找到这个地方，再等下去只能是死路一条，想活命的话只能靠自己了。

拉斯顿心里清楚，把自己从巨石下解放出来的唯一办法就是断臂。而除了简单的急救包扎，他并不知道如何进行外科手术。他清理了一下手头的工具——一把 8 厘米长的折叠刀和一个急救包，没有麻醉剂，没有止疼片，没有止血药，超常的疼痛和所冒的风险可想而知，不过拉斯顿已经别无选择了。整个过程大约持续了一个小时。

由于大量失血，拉斯顿近乎昏厥，然而他仍坚持着从身旁的急救箱中取出杀菌膏、绷带等物，给自己被切断的右臂做紧急止血处理。流血止住后，拉斯顿决定徒步走出峡谷。后来两名旅游者发现了血人一般的拉斯顿，他们赶紧报警，救援直升机将拉斯顿送到了最近的医院。

拉斯顿断臂求生的故事让许多美国人既敬佩又震惊。凯纽兰国家公园护林员斯蒂夫·斯万克说：“我在这里工作 25 年了，从来没有见过像亚伦·拉斯顿这样勇敢的人。”记载拉斯顿事迹的新闻在短短三天就被点击近百万次。

从生存的勇气到断臂自救的方式，拉斯顿给人类的启示是多方面的，其中最重要的一点就是：在人生的某些时候，我们要敢于放弃，不能犹豫不决，不能徘徊彷徨，须知这时的放弃是为了能更好地拥有。

是的，放弃有时就是为了更好地拥有，就像俗话说的，放弃了一棵树木，却能够得到一片森林。人生旅途中，需要我们放弃的东西很多，放弃小的是为了拥有大的，放弃眼前的局部是为了拥有将来的整体……放弃是一种勇气，是一种超脱，是一种气度，更是一种升华，一种境界。请谨记，有时，放弃是为了更好地拥有。

输什么，都请别输了快乐的心情

心情是一个人真正的主人，要么是你去驾驭生命，要么是生命驾驭你，而你的心情将决定谁是坐骑，谁是骑师。所以，输什么也不能输了心情。输了心情，就等于输了全部。

没有人不喜欢快乐，可是快乐并不容易。令我们烦恼的事情总是黏在我们身上不肯走。

比如，你喜欢的一个女孩子不在乎你，你的身体最近有点发胖，你每天都要挤公交车上下班，你的一位朋友不知何故忽然疏远了你，你的老板批评了你，一位同事对你不太友好……

一个衣衫褴褛的妇人领着小女儿在商场里闲逛。小女孩儿走到一架立拍得相机旁，拉着妈妈的手说：“妈妈，我们照张相吧！”妈妈却小声地告诉小女儿，她们的衣服太旧了，照出的照片不好看。孩子沉默了片刻，抬起头来说：“可是，妈妈，我们的微笑每天都是崭新的呀！”妈妈听了女儿的话十分欣慰，连摄影师也十分欣赏这位懂事的女孩，他为此还免费为这对母女照了一张相。

想想生活中的自己，能不能像那个小女孩儿一样，尽管衣衫褴褛，却也能每天坦然而从容地把微笑挂在脸上？事实是，也许我们比那个小女孩儿幸运得多，却没有她那样单纯的快乐。我们就像被快乐遗弃的孩子，守在一大堆琐碎的烦恼前，愁眉不展，甚至会把在外面遭遇的烦恼带回家，对着家人乱发泄一通，使得原本不好的心情更加糟糕。

无论是在工作中还是在生活中，每个人都会遇到不顺利的事情，都会有心情郁闷的时候。如果让这种心情任意发展下去，郁闷的程度一定越来越厉害，不仅于事无补，还会衍生出新的烦恼。

马宇夫妇因为工作需要，搬到了离公司较近的一个小区。住了一段时间后，他们发现每天晚上8点左右就能听到一男一女在弹吉他、唱歌，有时是男的唱，有时是女的唱，偶尔还合唱。而且听得出来，他们的吉他弹得相当娴熟。

一天晚上，吉他声又响起，马宇就问妻子："你说是什么人在那里弹唱？"

妻子说："当然是一对快乐的夫妻。"

"他们为什么这么快乐呢？夜夜弹唱，竟然没有一天忧愁。"

妻子说："他们肯定是春风得意了。"

于是，他们俩开始猜测那对夫妻的职业、年龄以及他们的经济状况。他们想，吉他弹这么好的应该是某个大学的音乐老师，而且只有老师才这么有空闲、有情趣，如今老师的待遇可不差。

后来说着说着，马宇的妻子叹口气说："看看人家，过得多滋润。我们一天到晚累个半死才挣这么点工资，真是不能比！"

说着说着，俩人都觉得心里不平衡起来，觉得那吉他声也不美妙了，倒像是一种故意炫耀和显摆。

终于，在吉他声又响起的时候，马宇的妻子忍不住对丈夫说："走，咱们去看看，叫他们不要唱了！"

他们寻声而去，可是他们发现声音是从小区外面的一间破旧平房里传来的，大学老师怎么会住在这里呢？他们疑惑地走近。门敞开着，他们看到的是一对残疾人，丈夫断了右手，妻子断了左手。弹吉他的时候，丈夫按弦，妻子拨弦，两个人的独手竟配合得像一个人的左右手一样娴熟。在他们的身边是一堆拆开的电器，原来他们不过是一对以修理电器为生的残疾人夫妇！

马宇夫妇愣在那里，这时断了右手的丈夫问：“要修理电器吗？”

马宇回过神来忙说：“哦，我家的一台电视机坏了，能修好吗？”

断了左手的妻子说：“你放心，修电器比弹吉他还容易。”

马宇的妻子感叹说：“难得你们这样乐观。”

那位断了左手的妻子用右手拢了拢头发，微笑着说：“我们断了两只手，已经失去太多，不能再失去好心情。”

她的回答让马宇夫妇震撼了很久。从此以后，他们也改变了对生活的态度，找回了丢失多年的好心情，也成了一对快乐的夫妻。

生活总会有波折，输什么都不能输了心情，因为输了心情，就等于输了所有。无论你正在面临什么问题，正在遭遇什么烦恼，都不要因此输了心情。只要你保持快乐的心情，那么快乐的生活就会向你招手。

别让追求完美成为幸福的绊脚石

请不要再幻想做一个完美主义者，现实点！请不要把光阴蹉跎在那毫无意义的幻想中！清醒点！

老祖宗很早就告诉我们一个哲理：人生不如意之事十有八九。生活中更多的是烦恼与无奈，但是很多人总是看重那十之一二的如意，甚至想要十分的完美，希望以此得到幸福。其实仔细琢磨，幸福与完美并没有本质的关系，很多时候追求完美甚至会成为阻碍我们幸福的绊脚石。

德国著名作家席勒在《遗失的部分》一书中为我们讲述了这样一则寓言：一个圆的一部分圆弧被切去了，它希望自己是一个完美的圆，因此就四处寻找它遗失的那一部分，但因为它不是一个完整的圆，所以只能慢慢滚动，由此她得以沿途欣赏花草的芬芳、阳光的明媚，并与蚯蚓娓娓而谈。

途中，它也发现了许多圆遗失的部分，但没有一片能与自己相匹配，因此它不得不继续寻找。有一天，圆找到了自己遗失的那部分。它高兴极了，因为它又是个完美的圆了。它又开始飞快地滚动，快得连花都看不清楚，更不用说与蚯蚓谈话了。它发现在快速滚动中世界整个变了样，许多美好的东西都失去了，于是它又停了下来，将千辛万苦找回的那一部分丢在路旁，然后慢慢地滚动着行走。

这则寓言说明了一个道理：有缺憾时拼命追求完美，而一旦拥有了完美的一切，反而没有梦想，没有渴望，没有奋斗的激情与快乐了。

有一个成语是：白璧无瑕。洁白晶莹的玉，通体透明，没有一点儿瑕疵，确实是够美的，可惜的是，世上这样的玉却是罕见的。

传说在远古时代，曾经出现过凤凰。后来，凤凰再度出现，于是无论是天上的飞禽，还是地上的走兽，都立刻簇拥到凤凰的周围。他们惊异于凤凰的美丽，全都直瞪着两眼凝视着凤凰，羡慕她如梦如幻的美。可随着时间的推移，那些最聪明、最慎重的动物便开始用同情的目光审视凤凰了。他们惋惜地说：“完美的凤凰啊！她的命也真够苦的，既没有情侣，也没有朋友，她永远体会不到爱或者被爱的快乐！”

人也是如此，如果过于完美，就会让别人敬而远之，因而也就没有了朋友。

不能容忍美丽的事物有所缺憾，是大多数人的一种普遍心态。追求尽善尽美对大多数人来说是理所当然的事。但他们从未想过，正是这种追求完美的态度，给他们的生活带来了巨大的压力。

如果进一步分析，渴望完美是人们出于一种自我保护的需要。安全感是人的最基本需要之一。假如一个人缺乏自信，生活上屡遭挫折，那么他的安全感受到伤害。这种伤害需要通过其他途径来加以补偿。

心理学研究证明，试图达到完美境界的人与他们可能获得成功的机会恰恰成反比。追求完美给人们带来莫大的焦虑、沮丧和压抑。事情刚开始，他们就在担心着失败，这就妨碍了他们全力以赴去取得成功。而一旦遭到失败，他们就会异常灰心，想尽快从失败的境遇中逃离。他们没想过从失败中获取任何教训，而只是想设法让自己避免尴尬的场面。

这种性格的人，在日常生活中通常具有以下特点：

1. 神经非常紧张，以至于连一般的工作都不能胜任。

2. 不愿冒险，生怕任何微小的瑕疵损害了自己的形象。

3. 不愿尝试任何新的东西。

4. 对自己有诸多苛求，毫无生活乐趣。

5. 总是发现有些事未臻完美，于是精神总是得不到放松，无法休息。

6. 对别人也吹毛求疵，人际关系无法协调，得不到别人的合作与帮助。

很显然，背负着如此沉重的精神包袱，不用说在事业上谋求成功，就连在家庭问题、人际关系等方面，也不可能取得满意的效果。他们抱着一种不正确和不合逻辑的态度对待生活和工作，他们永远无法让自己感到满足，每天都是焦躁不安的。

所以，年轻的朋友们，请记住这样一个忠告：世界上根本就不存在任何一个完美的事物，别让追求完美成为幸福的绊脚石。

掌握“翻转一面看问题”的本领

无论经历什么样的失败与打击，你都要记住：地狱的背面就是天堂！

生活中，如果你能以一种积极的心态去面对可能遇到的惊涛骇浪，将被动转化为主动，那么你就是人生航行中最高明的舵手。

从前有一位母亲，她有两个儿子：大儿子是卖盐的，二儿子是卖伞的。下雨了，妈妈担心大儿子的盐受潮，卖不出去；天晴了，妈妈又担心天不下雨，二儿子的伞卖不出去。就这样，无论天晴还是下雨，她都是愁眉不展，没有开心的时候。

一天，她遇到一个算命先生，便向他诉苦。先生问她：“为何你不换一种心态来看这件事呢？如果下雨了，二儿子的伞能够多卖出去；如果天晴了，大儿子的盐也好卖了。这么想，不是可以整天开心吗？”

是啊，换一个角度看问题，换一种心态，我们不就快乐了吗？要知道，我们不只是生活在现实社会中，我们更生活在自己的心态中。

人每天都要面对许多事情，对那些通常被认为是“令人不开心”的事，我们很有必要“翻转一面来看一看”，这样做很容易发现：观察的视角变了，事物和问题的性质和价值也就完全不一样了。法国总统戴高乐曾说：“若你把坏事情想得更坏，你便进了地狱，但若你把坏事情想得美妙，你便进了天堂。”这句话就是告诫人们，要看每一件事理想的一面，这样快乐才会永驻心间。

这种“翻转一面看问题”的本领强调的是我们对反应的调控。调控反应在相当程度上是通过调控视角来实现的，但是它所涉及的范围，并不只是对外在的被动反应，还包括通过主动努力赋予事物以新的定义。在下面这个故事中就是如此：

罗伯特·德·温斯顿是阿根廷著名的高尔夫球手。有一次，他赢得了一场世人瞩目的锦标赛。拿到那张巨额奖金的支票后，温斯顿微笑着朝自己的车走去。这时，一个年轻女人迎向他。她先是向他表示祝贺，然后哭着说她的孩子病得快死了，而她根本付不起那昂贵的医疗费。温斯顿飞快地掏出笔，在刚刚赢得的支票上签了名，然后塞给那女人，并真诚地说：“祝可怜的孩子好运！”

过了几天，温斯顿来到一家乡村俱乐部用餐。这时，一位高尔夫球联合会的官员走过来，问他：“停车场的人告诉我，说你前些天把支票给了一个自称孩子病得很重的女人，是吗？”

温斯顿点头称是。

“那么，对你来说有个挺坏的消息，”官员说，“那个女人是个骗子，她根本就没有什么病得很重的孩子。温斯顿，你给她骗惨了！”

“你是说，根本没有一个小孩子病得快要死了？”温斯顿毫不犹豫地追问。

“是的，根本没有！”官员肯定地回答。

温斯顿长吁了一口气，笑着说：“这真是我这些天来听到的最好的消息！”

对一般人来说，发生这种事，肯定会与那位官员站在同一角度看问题：由于善良，无端被人骗去一大笔钱，那种感受简直太糟糕了。温斯顿却非常善于把事情翻转一面来看：尽管受骗了，但至少证明根本没有这么一个可怜的孩子等着救命，没有这么一个可怜的孩子在死亡线上挣扎。这不是一件令人非常快乐的事吗？

在温斯顿这里，事物和问题的“性质”其实未必是事物本身的“性质”，而实际上是心灵所赋予它的“性质”。

事实证明，善于“翻转一面看问题”的人，不仅更容易获得快乐，也往往更容易获得成功，因成功又带来更大的快乐。

心中若有桃花源，何处不是水云间

无论我们处在什么样的环境中，环境本身并不能决定我们快乐与否，我们自身对周围环境的反应才能决定我们的感觉。

张爱玲曾说："善待自我，无论风沙将会如何肆虐，一阵夜雨之后，所有的树木都会吐绿，所有的桃花都会绽放……"

可是生活中，总有人沉浸在悲伤之中不能自拔，他们终日哀叹所失去的，把自己折磨得痛苦不堪，却忘了享受眼前的生活，这是不值得的。善待自己体现在生活中的点点滴滴，这其中就包括把自己从痛苦中解脱出来，乐观地面对每一天。心中若有桃花源，何处不是水云间。

波基尔·连尔是美国的一位著名女作家，她的自传体小说《我想看》轰动一时，畅销多年。可很少有人知道，她是一个重度残疾的人，在50年中如同盲人一样生活着。然而，因为她不断为自己的"生命银行"增加"快乐存款"，从而赢得了生命的辉煌。

连尔出生在明尼苏达州一个叫捷因巴雷的乡村，少年时一双眼睛意外受了重伤。伤后，她只有通过左眼角的小缝才能看到东西，即使要看书，也必须把书拿得很近，并紧缩眼睛的肌肉，使眼球尽量靠近左边。上学读书时，她只能把书尽量靠近自己的眼睛，睫毛常常碰到书本。即便这样，她仍然觉得所有的一切都比不上学习知识更能为她的生活带来最大的快乐。她的成绩名列前茅，这使她和父母都很自豪。看到别的小伙伴羡慕她成绩单的表情，她心中充满了靠自己努力取得进步的快乐。

她从不封闭自己，快乐地和小伙伴一起玩游戏。那时候，她喜欢和附近的孩子玩跳房子，却看不见记号，但她会一直努力到把自己玩的每一个角落都清楚地记清。这样，即使在赛跑时，她也没有输过。正是凭着这股韧劲，后来她获得了明尼苏达大学的文学学士及哥伦比亚大学的文学硕士两个学位。参加工作后，她又成为奥加斯达卡雷基大学的新闻学和文学教授。

一位几乎失明的女性，能取得如此荣耀足以让人骄傲了，但她不满足这些，除了教书外，她还在妇女俱乐部讲授各种书籍及作者的生平，并客串电台的谈话节目。更为重要的是，她的小说《我想看》激励了许多人。

“在我心里不断地潜伏着是否会变成全盲的恐惧。但我始终以一种苦中作乐的勇气来面对生活，因为，我已经是个不幸的女人了，我不能给自己再增加不幸。”在谈到她的成功时，连尔这样写道。终于，在她 52 岁时，经过现代医术的诊疗，她获得了 40 倍于以前的视力，人生在她面前展开了一个更为绚丽的世界。

连尔就像一个在荆棘丛中采摘鲜花的女孩，时刻采摘生活的快乐放在自己生命的花篮里。她享受着生命中的阳光，就像凛冽风中的一朵奇葩，依旧张扬着美丽。

如果别人能将你的财产、你的工作……你身外的种种一切都拿走，这还不足以证明你是个弱者。因为谁也拿不走你的快乐、你的自信、你内心的宁静，而拥有了这些，你就已经强大到不可征服。

每个人的一生都会遇到诸多不顺心的事，有的人在遇到困境时，看不到前途的光明，抱怨天地的不公，甚至破罐子破摔，在精神上倒下；有的人在遇到困境时，能够泰然处之，认定活着就是一种幸福，痛苦之后，他们依然能从容安定，积极寻找生活的快乐，不浪费生命的一分一秒，于灰暗之中向往光明，在精神上永远不倒。

那么，你是哪一种人，又愿意做哪一种人呢？

用健康换取成功永远都不值得

失去了健康和生命，一切都等于零。当我们不断超时工作，努力加班的同时，请不要忘了：应该把健康放在工作之上，有了健康的身体，才有追求成功的可能。

世间没有一样东西比我们的身体更为宝贵，我们应该不惜一切代价来保护自己的身体。

“身体是革命的本钱”，意思即健康的身体是所有幸福生活的基础。一个人在社会上要想大有作为，必须先重视和善待自己的身体。工欲善其事，必先利其器。如果理发师用迟钝的剃刀来理发，一定不会有顾客光顾；如果木匠用迟钝的斧子、锯子来工作，一定制作不出优美的器具来。同理，一个人想要有成功的人生，首先要拥有健康的身体。

美国超级富豪洛克菲勒在这方面就有很好的教训和经验。前半生，洛克菲勒用智慧赚取了巨大的财富，但就在他 52 岁时，身患多种疾病，很难再坚持正常工作。自己艰苦打下的这一片江山该怎么办？是继续拼搏还是休整疗养？他很矛盾。经过认真思考、权衡利弊之后，洛克菲勒听从了医生的劝告，智慧地选择了后者。他给自己重新定位，调整了自己与公司间的关系，随后到大自然中静心颐养，慢慢恢复了健康，一直活到了 92 岁。

我问过不少身体健康的朋友："你感觉幸福吗？"对方很可能会说：我没法快乐起来，投在股市里的钱已经亏了一大半；业务上出了点问题，导致损失了几百万；孩子学习不好，考名牌大学很困难……

但当我再去问那些身体出现某些状况，身带病痛的朋友时，他们多数会说："只要身体好起来，就是我最大的幸福。"

大病初愈后，看看外面的天是那么蓝，空气是那么清新，放松身心，觉得一切都是这样美好，于是在心中暗暗发誓：一定不会再用身体去换金钱，健康的身体才是幸福生活的基础。

病前、病中、病后的三种不同心态，告诉我们一个简单的道理：当我们健康时，对身体并不太在意，头脑中更多的是构思着如何尽可能取得名利和财富；只有当真的生病之后，体会到身体不适的痛苦，体会到失去健康的可怕，方才感受到健康的重要性。

有一位野心勃勃的男子，他看着自己 1000 元的存折很不甘心，想让存款再多一个"0"。于是，他努力地工作，没有多久，他达到了目标。

男子看着他 10000 元的存折又想：若能再多一个"0"或者两个"0"，不是更棒吗！于是，男子更卖力地工作，希望能创造出更多的"0"，让自己成为富翁。之后的日子里，他夜以继日，放弃了一切休息时间，也放弃了对家人的关照。经过长时间的努力，他终于达成了心愿，成为鼎鼎大名的富翁。

但是，在这个时候，他病倒了。此时，他所创造的许多"0"也都跟着倒下了！

在这个故事里，健康可以被看作是"1"，"1"倒了，再多的"0"都不具有任何意义。没有健康的身体，所有美好的事物都显得没有意义。

人们常以胜败论人生，认为越成功的人就越受尊重。古今中外更不乏追名逐利之人，或为名所惑，或为利所动，或为官位而奔波，或为爱情而苦恼。把名、利、禄、情视为人生的最高追求，却不知人生最大的财富是自身的健康。

幸福虽有千种，但没有一种与贪婪有关

放下贪婪之心是思悟后的清醒。它不但是超越世俗的大智大勇，也是放眼未来的豁达超脱。谁能做到这一点，谁就会活得轻松，过得自在，并得到幸福。幸福虽有千种，但没有一种与贪婪有关。

两百多年前，乾隆皇帝和纪晓岚双双站在江边。烟波浩渺，水天一色。江中桨动船飞，千帆竞渡。乾隆问身边的纪晓岚：“这江中行船当有多少？”纪晓岚哪是等闲之辈，朗声应道：“两只。”“哪两只？”乾隆皇帝追问。“一只为名而来，一只为利而往。”纪晓岚回答道。

纪晓岚的机智回答看似狡猾，实则准确地概括了大千世界、芸芸众生的心理状态——追名逐利。

我们读《史记》，在《项羽本纪》和《高祖本纪》中都记有秦始皇东游时的表现。写项羽，说他和叔叔项梁一起观看秦始皇游会稽。项羽看着看着，就不由自主地对叔叔说：“彼可以取而代之！”叔叔吓得赶忙捂住他的嘴：“千万不能瞎说，让人听见，要灭九族！”姜还是老的辣，项梁虽然不让侄子乱说，但听到这样的话语，心里应该也是美滋滋的。

写刘邦见到秦始皇时的表现，虽与项羽截然不同，但对帝王气派的仰慕却溢于言表。当时年轻的刘邦正在咸阳充军服劳役，看到始皇大帝威武轩昂，不觉喟然长叹："大丈夫当如是！"

其实，仰慕功名，不是错误，用现在的话说，这就是进取之心。人类如果放弃了对荣誉、名望、利益的追求，那么社会将失去发展的直接动力。但怕就怕"走火入魔""鬼迷心窍"，贪婪功名利禄，完全忘了良心法则。如果再加上私欲膨胀、业障未除，这种情况就会更加可怕。为了获得浮名私利，有些人挖空心思、不择手段，或是卑躬屈膝、良心丧尽，或是巧取豪夺，争得不义之财，于是或是醉生梦死，或是惴惴不安，难以求得安适的生活境地，心就在惶惑与不安中疲惫不堪，幸福就成为镜花水月。

人一生的不同阶段会遇到各种各样的欲望陷阱，只有让欲望变得单纯，才能够既享受财富又不落入欲望的陷阱。只要淡泊名利、清静无为，自然能够挣脱欲望的枷锁，放飞心灵的自由。

有人曾说："欲望越小，人生就越幸福。"这句话蕴涵着深刻的人生哲理。人的欲望越大，就越容易变得贪婪，也就越容易招致灾祸。古往今来，被难填的欲壑葬送的贪婪者多得不可计数。富兰克林认为，如果一个人没有勇气去克制日常生活中的欲望，他就很难在自己的事业上做到自我克制，难以培养真正独立自主的性格。而自我克制体现了人类的勇气，是人类的高尚品格之一。不能进行自我控制的人，很难拥有真正的幸福。卡耐基也曾说过："要是我们得不到我们希望的东西，最好不要让忧虑和悔恨来苦恼我们的生活，且让我们原谅自己，学得豁达一点儿。"

让我们记住这样的道理，即使我们拥有整个世界，也只能一日三餐，也只能一次睡一张床。即使是一个挖水沟的工人也可如此享受，而且他们可能比富豪吃得更津津有味，睡得更安稳。既然如此，又何必让自己变得那么贪婪呢？

第八章

你可以暂时不成功，但不能一直不成长

虽然你再努力也成不了世界冠军，但你仍然能享受奔跑。可能会有人妨碍你成功，却没有人能阻止你成长。你可以暂时不成功，但不能一直不成长！

生活没有那么多公平，你必须适应它

不可否认，在我们的生活和工作中，很多不公平的确是客观存在的。既然我们没有办法求得事事公平，那么就必须去适应它。

微软创始人比尔·盖茨有一句名言：“生活是不公平的，你要去适应它。”现实的确如此，可以说，从我们出生的那一刻起，不公平就有所体现，有些孩子降生在高级护理房，有的则降生在自家粗糙的炕头上；上学时，一些孩子车接车送，一些孩子则要爬崎岖的山路；工作了，一些富二代根本不用担心工作的问题，一些年轻人则要从最基层做起，甚至都找不到工作……

当然，我们大多数人没有前者那么优越，也没有后者那么凄惨，而是处在一个中间的水平，但是仍然能处处感觉到不公，比如，工资没有别人高、车没有人家好、房子没有人家宽敞……

很多人选择背地里指责抱怨，这或许能解一时之气，但不能改变实质。比尔·盖茨说的方法是“你要去适应它”，你是否曾考虑过适应这样的不公呢？

俄国诗人普希金有一首我们都非常熟悉的短诗——《假如生活欺骗了你》：“假如生活欺骗了你，不要忧郁，不要愤慨；不顺心时暂且忍耐。相信吧，快乐的日子将会到来。”

生活有时是不公平的，如果我们无法适应，因此怨天尤人，不敢面对现实，没有足够的勇气去接受现实的挑战，整天活在忧郁之中，那么我们等于被生活击垮了。既然这样，我们不如去思考如何更好地去适应生活的不公。唯有适应当下的环境，才会有机会去改变自己的处境。

那么，面对生活中的各种不公平，该如何适应进而改变自己的处境呢？

我们要做的就是用平静的心态对待“不公平”。世界上的不公平是常有的事：恶狼张着血盆大口扑向羔羊；凶神恶煞般的秃鹰在高空盘旋，伺机向地面的猎物发起攻击……不公平是大自然的本性，不公平绝不仅仅发生在我们身上。柔弱的我们能够在一生“不公平”下保存自身已是难得，何必以卵击石，求不可得的公平呢？魏征忠谏，明君太宗有所恨；范蠡帮助勾践建业，功成却只能身退，因而免遭了一场杀身之祸。公平何益？我们要出局观局，平心待之。

要认真分析权衡这“公平”与“不公平”的得失差。有能力与“不公平”搏一场而无损，则直击“不公”何妨，否则，从另外一个角度对待“不公”，“忍一时之急，享知足实果”，何乐而不为？

放下“身架”，你的路会一次比一次宽

即便你的水平再高，即便你的能力再强，即便你的头衔再多，即便你的人际再广，那也只有放下你的“身架”，才可能真正提高你的“身价”。

对于每一个刚步入社会的年轻人来说，要成就一番事业，并不一定一开始就得从事“高人一等”的职业。纵观那些有所成就的人的经历，更多的人都是经历了别人眼中所谓“低人一等”的工作，积累了经验，增长了阅历，才取得最后的成功。甚至有人就在那些所谓“低人一等”的职业上干出了名堂。

有一位大学生，在校时成绩很好。大家对他的期望也很高，认为他必将有一番了不起的作为。

他是有成就，但不是在政府机关或在大公司里有成就，而是卖蚵仔面线卖出了成就。

原来他在毕业后不久，得知家乡附近的夜市有一个摊子要转让。那时他还没找到工作，就向家人“借钱”，把它买了下来。因为他对烹饪很有兴趣，便自己当老板，卖起蚵仔面线来。他的大学生身份曾招来很多不以为然的眼光的同时也为他招来不少生意。他倒从未对自己学非所用及高学低用产生过怀疑。

现在呢，他还在卖蚵仔面线，但也搞投资。

“要放下身架。”这是那位大学生的口头禅和座右铭，“放下身架，路会越走越宽。”那位同学如果不去卖蚵仔面线或许也会很有成就，但无论如何，他能放下大学生的“身架”，还是很令人佩服的。这里并不是说放下“身架”就非得去做类似的事情不可，但在必要的时候，实在也应该有这样的勇气。

人的“身架”是一种“自我认同”，并不是什么不好的事。但这种“自我认同”也是一种“自我限制”，就像是说：“因为我是这种人，所以我不能去做那种事。”而自我认同越强的人，自我限制也越厉害——千金小姐不愿意和普通女同桌吃饭，博士不愿意当基层业务员，高级主管不愿意主动去找下等职位，知识分子不愿意去做“不用知识”的工作……

他们认为，如果那样做，就有损他的身份。

其实这种“身架”只会让人路越走越窄。这并不是说有“身架”的人就不能有得意的人生，但是，在非常时刻，如果还放不下“身架”，那么很可能会让自己无路可走。

如果你想在社会上走出一条路来，那么就要放下“身架”，放下你的学历，放下你的家庭背景，放下你的身份，让自己回归到普通人中；同时，也不要在乎别人的眼光和批评，做你认为值得做的事，走你认为值得走的路。

有一位留学美国的计算机博士，毕业后在美国找工作，结果接连碰壁。好单位不要他，坏的单位他又看不上，结果许多家公司都将这位博士拒之门外。这样高的学历，这样吃香的专业，为什么找不到一份工作呢？

万般无奈之下，这位博士决定不再在乎面子，换一种方法试试。

他收起了所有的学位证明，以一种低姿态再去求职。不久他就被一家电脑公司录用，成为一名最基层的程序录入员。这是一份稍有学历的人都不愿去做的工作，这位博士却干得兢兢业业，一丝不苟。没过多久，上司就发现了他的出众才华。他居然能看出程序中的错误，这绝非一般录入员所能比的。

这时他亮出了自己的学士证书，于是老板立刻给他调换了一个与本科毕业生对口的工作。过了一段时间，老板发现他在新的岗位上游刃有余，还能提出不少有价值的建议，这比一般大学生都高明。这时他才亮出自己的硕士身份，老板又提升了他。

有了前两次的经验，老板也比较注意观察他，发现他比硕士还高明，专业知识的广度与深度都非常人可比，就再次找他谈话。这时他拿出博士学位证明，并叙述了自己这样做的原因。此时老板才恍然大悟，毫不犹豫地重用了他，因为对他的学识、能力及敬业精神早已全面了解了。

这个博士是聪明的，碰了几次钉子后，他放下“身架”，不在乎博士的面子，甚至让别人看低自己，然后在实际工作中一次次地展现自己的才华，让别人一次次地对自己刮目相看，他的形象就逐渐高大起来。

许多年轻人初入社会时，往往把自己的一堆头衔、底牌全部亮出来，夸耀自己，结果或者让别人产生反感，或者招来很高的期望值而让人失望，稍有失误便不好翻身。倒不如放下“身架”，低姿态走入社会，反而会收获意想不到的收获。

为何会如此呢？那是因为放下“身架”比放不下“身架”的人在竞争上多了两个优势：

第一，能放下“身架”的人，他的思考富有高度的弹性，不会有刻板的观念，而能吸收各种资讯，形成一个庞大而多样的资讯库，这将是他的本钱。

第二，能放下“身架”的人能比别人早一步抓到好机会，也能比别人抓到更多的机会，因为他没有“身架”的顾虑。

别不懂装懂，要敢于承认自己的无知

人最怕的就是不懂装懂。如果知道自己不懂，不随便去做事，出问题的可能性还会小些；如果没有完全弄懂，却又自认为懂了，那么，真正去做的时候，往往差之毫厘而谬以千里，到那时就后悔莫及了。

知之为知之，不知为不知，这是最简单朴实的人生道理，却也是很难做到的。大概因为聪明之人难以抑制住自己内心的卖弄与炫耀，愚笨之人又难以克服自己的自卑与狭隘，这两种情况，都会直接导致不懂装懂的情况出现。

元末明初，张士诚占据平江，遣其部将左丞相吕珍守绍兴，参军陈庶子、饶介之在张士诚的帐下做幕僚。陈、饶二人素负才名，且诗语俊丽，广为人知，两人也因此得意。有一天，两个人闲来无事，就想讨好吕珍，于是陈庶子赋诗，饶介之作画，题一纨扇派人给吕珍送去。吕珍打开扇子，只见上面写道："后来江左英贤传，又是淮西保相家，闻说锦袍酣战罢，不惊越女采荷花。"

吕珍把这首诗吟颂良久，突然大声地咆哮起来，说："我为我的主人镇守边疆，不避生死于锋镝之间，这份忠诚天日可鉴，岂是因为爱一个女子而不让她受惊呢？陈庶子与饶介子这两人竟然如此羞辱我，如果让我见到他们，我必杀之。"

马屁拍到了马脚上，这样子的笑话，在历史上有许多，究其原因，就是因为不明就里，不懂得对方是怎样一个人，却偏偏以为自己懂。

很多时候，坦率地承认自己的无知，反而会对人生和事业产生更切实际的帮助。

唐代著名诗人元稹在鄂州时，周复做他的从事。元稹曾写诗，并让其他人写诗唱和。周复来见元稹，说道:“我很荣幸在您的手下工作，只有努力以报，但对于写诗作赋这件事，我必须实话实说，我不会。”元稹听了并没有生气，反而赞许地说：“如此诚实，比很多会写诗的都贤德啊！”

可见，闻道有先后，术业有专攻，越是认识到自己无知的人，就越是能够避免屈辱，越是有益于自己的事业发展。

做人最忌自欺欺人，不懂装懂。“知之为知之，不知为不知”是一种自我省察的功夫。认清自己，正视自身的不足，而且勇于承认自己有所不知，去除心中既有的框框，真实地面对自己，这才是真正的智慧。

世界著名物理学家美籍华人丁肇中，在接受采访时曾对很多问题都表示“不知道”：

“您能不能谈谈物理学未来20年的发展方向？”——“不知道。”

“您觉得人类在太空能找到暗物质和反物质吗？”——“不知道。”

“您觉得您从事的科学实验有什么经济价值吗？”“不知道。”

三问三不知！这让在场的所有同学感到意外，但马上就响起热烈的掌声。也许，一些人在说“不知道”时往往被看作是孤陋寡闻和无知，但丁先生的“不知道”却体现着一种做人的谦逊和科学家治学的严谨态度，不禁令人肃然起敬。

与丁肇中“三问三不知”相似的还有著名男高音歌唱家帕瓦罗蒂在一个大型演唱会上的表现。他演唱刚到高潮之际，却突然停顿下来。举座哗然，连乐队都停了下来。帕瓦罗蒂坦诚地说自己忘记歌词了，请求大家原谅，希望大家再给他一次表演机会。在一阵沉寂后，全场爆发出热烈的掌声。

事后，有人告诉帕瓦罗蒂：“你完全可以做做口型，而不必承认自己忘了词，观众肯定会认为是麦克风坏了。”帕瓦罗蒂微微一笑：“如果还有下次，我同样会认错。因为事实早晚会被人知道，那对我的声誉影响会更大”。

与此相反的例子也不少。南郭先生的故事大家都听说过，古时候，齐国的国君齐宣王爱好音乐，尤其喜欢听吹竽，手下有几百个善于吹竽的乐师。齐宣王喜欢热闹，总是叫这几百个人在一起合奏给他听。

南郭先生听说了齐宣王的这个爱好，觉得有机可乘，是个赚钱的好机会，就跑去吹嘘，说自己是个非常不错的乐师，能吹出婉转动人的曲子来。齐宣王未加考察，很痛快地收下了他。这以后，南郭先生就混在乐队里一块儿合奏给齐宣王听，和大家一样拿优厚的薪水和丰厚的赏赐，心里得意极了。

可是好景不长，过了几年，爱听吹竽合奏的齐宣王死了，他的儿子齐湣王继承了王位。齐湣王也爱听吹竽，可是他喜欢听一个人一个人地轮流来吹竽给他听。不学无术的南郭先生觉得这次再也混不过去了，只好连夜收拾行李逃走了。

这就是不懂装懂、不会装会的下场。

不论是谁，再有才华的人都有自己所不知道、不了解的事物，不可能知道所有问题的答案。这并不是说什么都不知道也算不了什么，而是说对于不知道的东西，就应该有勇气说一声“不知道”。

面对别人的提问，说一声“不知道”，表面上看是失去了一次表现的机会，实际上却有可能使自己少犯一次常识性的错误。

说一声“不知道”，也意味着一次撤退，表面上像是一种没竞争就认输，实际上却有可能使自己避免一种更难解除的尴尬。

我们应该明白一个道理，不回答是零分，答错了肯定还是零分。但两个零分的性质完全不同：前者不会被别人当作谈资，后者却可能成为一种笑料。有些时候，能很快地说一声“不知道”，是一种勇气，更是一种智慧。

会做事很重要，但也要能懂事

如果说会做事是生存、发展的根本，那么能懂事则是生存、发展的强大武器。没有这个武器，想混出头，可难得很！

会做事，就是拥有做事的能力。那什么叫懂事呢？就是多掌握一点儿做事时的人情世故。

三国时期的杨修，够聪明吧，会办事，也能办事，但最后结果怎么样？聪明反被聪明误，落得个身首异处，原因就在于他太不懂事了。有些事情心知肚明即可，说出来就是祸。

南宋时期，宋孝宗常常感叹手下缺少能做事的臣子。右文殿修撰张南轩对他说：“你应该去寻找能懂事的臣子，而不仅仅是能做事的臣子。”

现在这个社会，能做事的人很多，在这一点上，你很难和别人分出高低，除非你拥有的是很少有人会的本事，否则，要分出真功夫，很多时候，还要看谁能多懂一点儿事。

来看看下面的这个职场实例：

公司里新招来一批员工，老板抽时间与大家见个面。

“黄烨（huá）。”

全场一片静寂，没有人应答。

老板又重复了一遍。

一个员工站起来，怯生生地说：“我叫黄烨（yè），不叫黄烨（huá）。”

人群中发出一阵低低的笑声。

老板的脸色有些不自然。

“报告经理，我是打字员，是我把字打错了。”一个精干的小伙子站了起来，说道。

“太马虎了，下次注意。”老板挥挥手，接着念了下去。

没多久，打字员被提升为公关部经理，叫黄烨的那个员工则被解雇了。

显然，单论做事能力，那位员工应该在打字员之上，但明显有些不懂事，不懂得给老板台阶下。这个时候，要懂得应变，如果实在没有好的应变方法，可以在会后委婉地向老板表明或者通过其他手段为自己正名，但千万不要在大庭广众之下指出。

在这方面，那位打字员做得就比较好，这样的员工是每个老板都喜欢的。他的行为不是阿谀奉承，而是一种替别人化解尴尬的策略，是人情练达的表现。他最终得到老板的赏识，也是合乎情理的。当然，这位打字员最终能否成功，还得看他办事的能力，但至少他以此为自己赢得了机遇。

其实，懂事不仅体现在做事方式上，还体现在修养、礼仪等细节上。

再来看一个职场实例：

张萍和萧丽是同一天来到一家广告公司应聘美编。单从两个人的作品上看，技术水平不相上下。不过张萍在思路方面略胜一筹，因为她在深圳做过3年美编，刚刚回到北方来，经验相对于才出校门的萧丽自然要丰富一些。两个人一起被通知参加试用，而且公司讲得很明白，只能留下一个。

张萍在上班时间从来都是一身T恤短裤的打扮，光脚踩一双凉拖，也不顾电脑室的换鞋规定，屋里屋外就这一双鞋，还振振有词地说：“深圳那儿上班的人都这样，再说我这不是穿着拖鞋吗？”不管是在工作台前画图，还是在电脑前操作，只要活干得顺手，她一高兴起来准把鞋踢飞。刚开始，同事们还把她的鞋藏起来，和她开玩笑，后来发现她根本不在乎，光着脚也到处乱跑。相反，萧丽是第一次工作，多少有点拘谨，穿着也像她的为人一样——文静、雅致之外，还带着少许灵气。她从来不通过怪发型、眼妆来标榜自己是搞艺术的，只是在小饰物上展示出不同于一般女孩儿的审美观点来，说话温温柔柔的，很可爱。

结果呢，试用期才过了半个月，张萍就背包走人了。尽管她的方案比萧丽做得要好，但是老板不想因为留下这样一个太不修边幅的人而影响一大批员工。临走的时候，老板对张萍说：“你的才气和个性都不能成为你搅扰别人心情的理由，也许你更适合一个人在家里成立工作室；要在大公司里与人相处，处世得体和合作精神是十分重要的。”

在这个例子中，论能力，张萍要比萧丽高一筹，但最后还是输在能做事却不能懂事这一点上。须知，职场之中无小事。不要以为小节无伤大雅，相反，要懂得从小处入手，树立良好形象，全方位完善自我，这样才能更好地施展自己的才能和抱负。

当然，要真正学会懂事不是一件容易的事情，必须要经过一番深入的磨砺，用心揣摩，更多地去实践，才能体会到个中滋味。

少些锦上添花，多些雪中送炭

每个人的一生都不可能一帆风顺，难免会碰到失利受挫或面临困境的情况，这时候最需要的往往就是别人的帮助。这种雪中送炭般的帮助会让人铭记一生。

“患难之交才是真朋友”，这话大家都不陌生。

晋代有一个人叫荀巨伯，有一次去探望朋友，正逢朋友卧病在床。这时恰好敌军攻破城池，烧杀掳掠，百姓纷纷携妻挈子，四散逃难。朋友劝荀巨伯：“我病得很重，走不动，活不了几天了，你自己赶快逃命去吧！”

荀巨伯却不肯走。他说：“你把我看成什么人了！我远道赶来，就是为了来看你。现在，敌军进城，你又病着，我怎么能扔下你不管呢！”说着便转身给朋友熬药去了。

朋友百般苦求，叫他快走，荀巨伯却端药倒水安慰说：“你就安心养病吧，不要管我，天塌下来我替你顶着！”

这时“砰”的一声，门被踢开了，几个凶神恶煞般的士兵冲进来，冲着他喝道：“你是什么人？如此大胆，全城人都跑光了，你为什么不跑？”

荀巨伯指着躺在床上的朋友说：“我的朋友病得很重，我不能丢下他独自逃命。”接着，他又正气凛然地说：“请你们别惊吓了我的朋友，有事找我好了。即使要我替朋友而死，我也绝不皱眉头！”

敌军一听愣了，听着荀巨伯的慷慨言语，看看荀巨伯的无畏态度，很是感动，说：“想不到这里的人如此高尚，怎么好意思侵害他们呢！走吧！”说着，敌军撤走了。

患难时体现出的正义能产生如此巨大的力量，说来不能不令人惊叹。

“我不知道他那时候那么痛苦，即使知道了，我也帮不上忙啊！”许多人遗憾地说。这种人与其说他不知道别人的痛苦，不如说他根本无意知道。

人们总是可以敏感地觉察到自己的苦处，却对别人的痛处缺乏了解。他们不了解别人的需要，更不会花工夫去了解；有的甚至知道了也佯装不知，大概是没有切身之苦、切肤之痛吧。

虽然很少有人能做到“人饥己饥，人溺己溺”的境界，但我们至少可以随时体察一下别人的需要，时刻关心朋友，帮助他们脱离困境。当朋友身患重病时，多去探望，多谈谈朋友关心的、感兴趣的话题；当朋友遭到挫折而沮丧时，给予鼓励；当朋友愁眉苦脸，郁郁寡欢时，亲切地询问他们。这些适时的安慰会像阳光一样温暖受伤者的心田，给他们希望。

小于在某企业从事打字工作。一天中午，一位董事走进办公室，向办公室里的工作人员问道：“上午拜托你们打的那个文件在哪里？”可是当时正值吃午饭的时间，谁也不知道那个文件搁在哪里，因此谁也没有理睬他。这时，小于对他说：“这个文件的事我虽然不知道，但是，谭先生，这件事交给我去办吧，我会尽早送到您的办公室的。”当小于把打好的文件送给董事时，董事非常高兴。

几周之后，小于高兴地向她的同事宣布：她升迁了。显然，小于的热心和办事利落获得了董事的赞赏。

社会生存讲求的是人情，雪中送炭，关键时刻帮人一把，别人往往会将你的这一人情牢记在心，关键时刻对你投桃报李。

凡事留有余地：于情不偏激，于理不过头

做人留有余地，就不会把事情做绝。于情不偏激，于理不过头，在成长的路上就能进退自如。

传说太阳神阿波罗的儿子法厄同驾起装饰豪华的太阳车横冲直撞、恣意驰骋，当来到一处悬崖峭壁上时，恰好与月亮车相遇。月亮车正欲掉头退回时，法厄同依仗太阳车辕粗力大的优势，一直逼到月亮车的尾部，不给对方留下一点儿回旋的余地。正当法厄同眼看着难于自保的月亮车幸灾乐祸时，自己的太阳车也走到了绝路上，连掉转车头的余地也没有了，向前进一步是危险，向后退一步是灾难，最后终于万般无奈葬身火海。

这个故事告诉我们，做人要留有余地，不可把事情做绝。人生在世，万不可使某一事物沿着某一固定方向发展到极端，而应在发展过程中充分认识，冷静判断各种可能发生的事情，以便有足够的条件和回旋余地采取机动的应对措施。

1790 年 7 月 24 日，在法国小城儒里亚克，一块巨石从天而降，其巨大的响声把居住在这里的加斯可尼人吓了一大跳。尤其令人惊异的是，这块石头把加斯可尼人教堂旁边的屋子砸了一个大窟窿。市民们目睹了这一切，都认为这块破坏了他们宁静生活的怪石来历不明。他们以为这块石头可能还会飞上天去，因此为了防止它“逃走”，就给巨石凿了个洞，用铁链穿起来，然后把铁链锁在教堂门口的大圆柱上。最后市民们又通过决议，要写一封信给法国科学院，请派科学家来研究这块怪石。儒里亚克市的市长证实了市民们在信上所写的事实，并且签上了自己的名字，又派专人将信送往巴黎。

在巴黎的法国科学院里，当宣读儒里亚克的这封来信时，人群中突然爆发出阵阵哄笑声，有的人甚至笑得前俯后仰，还有人连眼泪都笑出来了。有些科学家带着嘲笑的口气说：“哈哈，加斯可尼人是最爱吹牛皮的，今天他们向我们报告天上落下巨石，过几天他们还会来报告天上又掉下五吨牛奶，外加一千块美味的带血牛排……”在笑够了之后，他们以科学院的名义作出了决定，对加斯可尼人和儒里亚克市长的愚蠢表示遗憾，同时号召所有有科学头脑的人不要相信这些荒诞不经的报告。

后来，经过一些认真而谨慎的科学家实地调查，确认了那是块从太空中掉下来的陨石碎块，科研价值极高。那么，究竟是谁有科学头脑，是谁更愚蠢、可笑呢？历史已给出了公正的答案。

不给自己留余地的人在笑够了别人之后，岂知把自己的短见也输给了别人，在伸手打别人耳光的同时，也是在打自己的耳光。

所以，我们在做人做事时要留有余地，不能把话说得太满，不要把事做得太绝，要容纳一些意外事情，以免自己下不了台。

我的一位朋友以前曾在一家新闻单位做主编，他曾经把一个采访任务交给一个男同事。这件采访工作在实施时存在一定的困难，朋友当时曾想详细地向他介绍一下，男同事却拍着胸脯对朋友说：“没有问题，包您满意！”三天以后，没有听到任何的动静，朋友便问他采访进展得怎么样，进度如何，他才不得不对我的朋友说：“不像想象的那么简单。”

生活中有很多事情我们无法预料其发展态势，有的也不了解事情发生的背景，切不可轻易下断言，使自己一点儿回旋的余地都没有。

凡事总会有意外，留有余地，就是为了容纳这些“意外”。杯子留有空间，就不会因为加进其他液体而溢出来；气球留有空间便不会爆炸；人说话、做事留有余地便不会因为“意外”的出现而下不了台，从而可以从容应对。

违心并非全是罪，人生哪有那么多顺心意

我们通常把违心说话、违心做事，看成是一种世故、一种懦弱。其实，这是很不公正的。很多时候，违心也可以是一种智慧或善良。

生活中，我们每个人很难做到只做自己喜欢的事，过自己想要的生活。越难得到的东西，人们会倍加珍惜，所以它理所当然地成了我们的理想。然而，为了实现目标，我们不得不放弃自己的意愿；为了避开更大损失，我们都有过委曲求全的时候；为了争取人心，甚至我们有过“这样想却那样做”的经历。违心，使人感觉不好受，却有融合群体的亲和力。如果能将违心做到情分上，又符合良心，那也是成长的一种智慧。

很多时候，我们在做着自己并不想做的事，说着自己并不想说的话，甚至还很认真。因为慑于压力、屈于礼仪、拘于制度、限于条件，我们进了不想进的门，陪了不想陪的客，送了不想送的礼，笑了不想笑的笑……

人都想自由自在，都想顺心意而活，但是世界从来不是看你的眼色行事的，我们每个人都在被动地做一些自己不想做的事。

有一对情侣，女人脆弱，男人诚实。忽然有一天男人得知女人患了绝症，如果直言相告必然加速女人的死亡。于是，他平生第一次编出一段绝症可治、治愈不难的谎言。这可是一个最不愿说谎的人对一个最需要诚实的人说的谎啊！那滋味不是可想而知吗？

的确，违背自己意愿所说的话或做的事，有时候会让我们自己感到痛苦，但如果我们的痛苦可以换来亲人和朋友的微笑，那也算是值得的。况且，有时候违心的行为，还可能给我们带来一些收获。

因为年轻，我们对事物的认识往往是片面的，做事情容易执迷，容易意气用事。这时候，如果有阅历丰富的人对我们指导一二，尽管这些指导可能会让我们觉得违心、难以接受，但它们的确可以让我们少走弯路。同样，当客观情况让我们不得不违心做出选择的时候，我们也不用大动肝火，因为这也可能是给我们的一次发现自己、提升自己的机会。

有个年轻人小时候很不想读书，迫于父母的强制和周围的压力，才不得不违心于书本之中。后来，18 岁考上计算机专业，毕业后，他分进一家轻工业公司工作。公司只缺财会人员，经理要他改行。他虽很爱自己的专业，但出于无奈，服从了需要。谁知后来他在会计与电脑的交叉点上又开发出了会计电算化软件，不仅专业未丢，还成了单位的技术骨干和后备干部。可见，违心也有利己的时候，至少利于纠正主观偏见。

这个世界上，我们不仅要让自己快乐，同时也要让身边的人快乐。世界如果因为你的服从和委曲而有了风光，也不会少了你的那一份。当然，这风光也不会无限。如果你处处违心，事事由别人支配，总是处于无自我状态，把自己规范成一钵盆景，只要别人喜欢、别人满意，自己扭曲得多么奇怪都可以，那还谈得上什么风光不风光呢？

我们生活在社会中，社会的环境、制度、礼仪、习俗无不作用并制约着我们。

虽然妥协、忍让、迁就都有“不得不”的那种心态，但仍不失为人际交往间的“润滑剂”。

违心，就像一杯白水，可以放糖浆，可以放柠檬、放橘汁，也可以放毒药！如何让违心违在情分上，又符合天理良心，那是我们成长中必须掌握的一门课。

第九章
永远不要抱怨，生活从不会刻意亏欠谁

生活中有很多不公平，别抱怨，因为没有用。不要以为生活亏欠了你，其实是你努力得不够。或许有一天，让你难过的事情，你也能笑着说出来。

面对人生中的挑战，你是否选择了抱怨

在人的一生中，缺憾和不如意是很难避免的。也许我们无力改变这个事实，但我们可以改变看待这些事实的态度。

在日常生活中，抱怨的声音随处都能听见，有时甚至是不绝于耳。你无须刻意寻找，只要停下前行的脚步，随便找一个去处，在那里稍停片刻，就能听到各类抱怨声：有人抱怨出门赶不上车；有人抱怨车上人多拥挤；有人抱怨城市太脏太乱；有人抱怨房价高、物价高，在城市里无法生存；有人抱怨自己的薪水低，付出没有回报，抱怨公司领导独断专横……总之，抱怨声是声声入耳。

像这样的抱怨，有自己说别人的，有别人说自己的，也有自己抱怨自己的。前两种现象随处可见，而说到自己抱怨自己的典型人物，恐怕要数鲁迅笔下的祥林嫂了。

祥林嫂每次一开口总会说：“我真傻，真的。”然后就会说“我单知道下雪的时候野兽在山坳里没有食吃，会到村里来，我不知道春天也会有。”她喋喋不休地向人诉说自己的不幸。人们在咀嚼了她的故事后，她却像被嚼得没有滋味的甘蔗渣，受人唾弃。

抱怨给人的感觉就和祥林嫂差不多。很多事情发生后，找各种各样的理由以及怨天尤人都是于事无补的。这样只会让自己的心情越来越坏，情绪越来越糟，对目前的境况一点帮助都没有，而且什么也改变不了。

抱怨解决不了什么问题，非但无法让你从失落、悲伤的情绪中解脱出来，而且会让你赔上一生的快乐。一个不快乐、不开心的人还能做些什么事情呢？答案是：几乎无法做成任何一件像样的事情。

既然抱怨于事无补，还不如暂时抛开那些烦心的事，多想想怎么才能更快、更好地解决问题。这难道不比在那儿抱怨强上千百倍吗？

每个人的一生中都难免有缺憾和不如意。也许我们无力改变这个事实，但我们可以改变看待这些事情的态度。在这个竞争激烈、自由宽容的时代，一个人要想生活得快乐幸福，眼睛里就必须能容得下你不喜欢的东西，心里面就必须放得下你不喜欢的事情。

把你牢骚满腹、情绪低落、郁郁不可终日的那些时间，拿去做做运动，泡个热水澡，读一本好书，做一次旅行，这绝对有益于你重新收获快乐。

然而，那些喜欢抱怨的人通常都会陷入一种思维定式，抱怨也就成了其满足日常宣泄的"必需品"。但是抱怨者有没有想过，你的抱怨是否能解决问题，你的抱怨是否怨之有理？

我曾经读过这样一个故事：

有一个年轻的农夫，划着自家小船给别人运送农产品。那天天气酷热难耐，农夫汗流浃背，苦不堪言。为了早点结束这趟苦难之行，他心急火燎地划着小船，希望赶紧完成运送任务，以便在天黑之前能返回家中。突然，农夫发现，前面有一艘小船沿河而下，迎面向自己驶来。眼看两艘船就要撞上了，但那艘船并没有丝毫避让的意思，似乎是有意要撞翻农夫的小船。

"让开，快点让开！你这个白痴！"农夫大声地向对面的船吼叫道，"再不让开，你就要撞上我了！"农夫的吼叫完全没有用。尽管他手忙脚乱地企图让开水道，但为时已晚，那艘船还是重重地撞上了他的船。农夫被激怒了，他厉声斥责道：“你会不会驾船？这么宽的河面，你竟然撞到了我的船！”当农夫怒目审视对方的小船时，他吃惊地发现，小船上空无一人，听他厉言斥骂的只是一艘挣脱了绳索、顺河漂流的空船。

在多数情况下，当你责难、怒吼和抱怨的时候，你的听众或许只是一艘空船。因此，与其抱怨对方，不如改变自己，因为抱怨真的解决不了任何问题，所以千万不要傻傻地用抱怨去回应生活中的不如意。

其实，人生的种种多是自作自受，承受的种种都是自己的所作所为造成的。正如故事里的农夫，自己不主动避开迎面而来的船，却抱怨对方不懂得避让，最终让事故上演。

是的，抱怨无法解决问题，唯有行动才能改变现状。正所谓，抱怨环境，天昏地暗；改变自己，风和日丽。所以，还是少些抱怨，多些努力吧！天道酬勤，只要用心和努力，一切都会好起来的！

抱怨，只会徒增你自己的痛苦

抱怨能蒙蔽一个人的双眼，让人只看到生活中的黑暗与丑陋。如果大家彼此相互抱怨，大家的心都永远不得安宁。

抱怨是一枚威力强大的定时炸弹，谁把它带在身上，放在心中，到头来就只能自食其果。

美国诗人艾略特说："抱怨就像一把火，会烧尽一切。"遇事就抱怨别人，犹如放弃轻松愉快的生活，将自己推向苦海。一个遇事不抱怨的人，才会快乐。

在 20 世纪有一场轰动一时的婚礼——美国建筑大王凯迪的女儿和飞机大王克拉奇的儿子喜结良缘。

他们婚后的生活并不顺利，磕磕绊绊，争吵时有发生。两家人为儿女们的这种关系大伤脑筋，他们甚至担心发生什么变故。

谁想，担心什么就来什么，令他们震惊的事真的发生了：凯迪的女儿因食物中毒身亡，而克拉奇的儿子小克拉奇成了最大的嫌疑人。最后，小克拉奇因一级谋杀罪被关进大牢，两家人的身心因此受到沉重打击。从此，两家人的生活变得暗无天日。

一年以后，法院做出终审判决：小克拉奇投毒谋杀的罪名成立，被判终身监禁。克拉奇为了能让儿子在今后得到减刑，也为了消除儿子的罪恶，以重金补偿凯迪一家，希望凯迪能为儿子说情。克拉奇每一次的补偿都是巧妙地出现在生意场上，这使得凯迪不得不被动接受。

而凯迪每得到克拉奇家族的一笔补偿，就像是接过一把刺向自己内心的刀，悲痛难言。凯迪抱怨自己，也抱怨女儿当初怎么就看错了人。而克拉奇的全家更是天天生活在自责中，他们怨恨没有教育好自己的儿子。

两家人都是美国企业界的辉煌人物，生活却如此地捉弄他们，让他们不得安生。一年又一年，两家人的心情被巨大的阴影所笼罩，从来没有真正地笑过。他们承认，这些年为此所付出的心理代价是用任何金钱也消除不了的。

20 年后，一件极为偶然的事件使事情全都变了样：一名被判投毒的嫌疑犯一再上诉，不承认自己给人投毒。这时医学已经有了很大的发展，经过多次化验，发现死者原来是因为服用了一种罕见的药物而中毒，与所谓的凶杀毫无关系。

这和 20 年前克拉奇儿子"谋杀"凯迪女儿的事件一模一样——原来是一个误判！ 20 年后，克拉奇的儿子被释放出狱。但是整整 20 年，凯迪与克拉奇两家人却因为这件事成了这个世界上受伤最重又最不幸的人。

事实证明，凯迪女儿的死并不涉及仇怨。这件事轰动了美国媒体，面对报社的采访，凯迪与克拉奇两家说了同样的话："20 年来，我们付不起的是我们已经付出的又无法弥补的心态。"

因为抱怨，他们付出了惨痛的代价。

人生漫漫，当事情已经过去，人们便会发现，我们身在其中所受的苦，我们所饱尝的种种滋味，正是我们曾经所付出的一种又一种心态。"我们付不起的是心态。"这是克拉奇与凯迪两家人在经过 20 年的体验后所总结出来的一句至理名言。

人生在世，我们常常付不起的，正是生活中某类事件对我们的心态所形成的那种漫长的主宰。正是这种心态，改变甚至毁灭了许多人的生活。

所以说，以宽容的心态对待一切，你就会快乐幸福；反之，怨声连连，则只能徒增你自己的痛苦。

强者，永远都不会选择抱怨

真正的强者，不会抱怨命运，也不会自怜自叹。如果遇到不如意，他们选择的只会是改变。

在南卡罗来纳州某学院的演讲会上，一名演讲者走到麦克风前，面对着听众缓缓开口说道：“我的生母是聋子，没有办法说话，因此我不知道自己的父亲是谁，也不知道他是否还在人间。我这辈子找到的第一份工作就是到棉花田去做事。”

台下的听众全都呆住了。

“如果情况不如意，我们总能想办法加以改变。”她继续说，“一个人的未来会怎样，不是由生下来的状况决定的。”她轻轻地重复方才所说过的，“如果情况不如意，我们总能想办法加以改变。”

“一个人若想改变眼前充满不幸或无法尽如人意的情况，”她以坚定的语气往下说，“只要回答这个简单的问题：‘我希望情况变成什么样？’然后，全身心投入，采取行动，朝理想的目标前进。”

然后，她的脸上绽放出美丽的笑容：“我的名字叫阿济·泰勒·摩尔顿，今天我以美国财政部长的身份站在这里。”

是的，不抱怨让她最终成了杰出人物，不抱怨让她最终拥有了幸福。一个人如果不抱怨，那么任何逆流绝境、惊涛骇浪都不足以让他皱眉头。

这个世界确实有很多不公平、不公正的现象存在，你完全有理由怨天、怨地、怨恨他人，但即便这样做了，你就能获得你想要的公平吗？答案我们彼此心知肚明。

不公正、不公平的现象仍将继续存在，但为此抱怨却大可不必。假使别人获得的比你多，事业上比你有成就，你也无须抱怨，无须嫉妒，这也并不是什么大不了的事。最理智的做法是承认事实，然后靠不断的努力去适应现实。

真正的强者都明白，抱怨没有任何意义，你再怨气冲天，别人也不会遭受实质的损失。事实上，我们必须努力做的就是奋斗——以打破这种差距，缩小这种差距，通过不断学习来改变自己，让自己适应环境、适应社会。这是强者所为。要牢记：时间永远是宝贵的，把时间浪费在抱怨上，只会让你一事无成。我们唯有珍惜时间，才能取得最后的成功。

强者不会轻易抱怨什么，即便有少许抱怨，也会将抱怨埋在心底。真正的强者应该做到：即使受到了某种伤害，也要凭借自身的努力，通过行动来证明那种伤害不足以将自己的强大掩盖。

与其抱怨别人，不如改变自己

有责任意识的人面对问题的时候从不会抱怨别人，而是问自己：“我还能做些什么？”我们应该用这句话来代替所有的抱怨和推卸责任的行为。

法国哲学大师萨特说：“我从不责怪这个世界，我只责怪自己，因为我只依靠我自己。”作为大师级的人物，萨特完全有理由这样对自己求全责备。作为一个普通人，我们做不到完全依靠自己，也没必要责怪自己，但是我们至少能做到一点：不抱怨别人。

“人是社会关系的综合”，也就是说，人并不只是自己在生活，而是必须从属于一种由各种关系所形成的体系。我们活着就意味着要与他人打交道，同时也意味着要与他人交流、合作以及承受由此带来的分歧或快乐。快乐是人心所向，暂时就不说了。而对分歧，我们所要做的就是不指责、不抱怨。

在一家公司的新闻发布会上，有名记者受到了很好的招待，红包也没少收到。公司的目的自然是想让这位记者给公司做积极的新闻报道。可过了好几天，仍没见有什么报道。负责这项工作的业务经理在某个场合又和这位记者相遇了，他似乎有理由这样责怪对方：“怎么没看到你的稿子？你怎么能这么做？吃也吃了，拿也拿了，可你的文章为什么没写？简直是太不够意思了！”如此责怪对方并不是开玩笑，而真的是一百个不满意。可是，如果真这样做，那双方的关系就只能“一刀两断”。这样搞公关怎么能成功呢？如果面对记者的解释和抱歉不是责怪，而是给予理解和肯定，并说：“没关系，办成一件事不容易，我们仍然要感谢您的努力。直到现在您还想着这件事，这就是对我们公司的关心和支持！欢迎您以后常来坐坐，好吗？”采取这样积极热情的态度，什么样的公共关系不能搞定呢？

人的性格、特点与能力大小，决定了他的处事风格、效率、节奏的不同，所以我们与他人相处时，要从理解他人出发，肯定他人的长处，允许他人缺陷的存在，从而给对方一个宽松的环境与空间。如此一来，与他人的分歧便会逐渐缩小。此外，当我们允许分歧的存在时，我们也就能够就事论事。比如在工作上，同一件事，A 有 A 的观点，B 有 B 的想法，A 不能强求 B 来适应自己，B 也不能勉强 A 认同自己。这时，双方只有各退一步，各自调整自己，找到一个合适的途径，而不是指责对方。即使双方发生争论，也要从工作的角度出发，而不是相互抱怨。这样一来，彼此心无芥蒂，争论只会有助于各自进步、成长，而不会成为相互攻击、诋毁的工具。

在日常工作中，有的人碰到问题就抱怨别人，浑浑噩噩，敷衍了事，得过且过，结果当然是什么事都干不成、干不好。这种现象随处可见，见怪不怪。究其根源，其实就是缺乏责任意识。

我曾经听过这样一个故事：

两个人在交接一根针时，不小心将针掉在地上。对此，五个人有五种不同的找法：做事严谨的，把掉针的地方分成很多方格子，然后一个方格子一个方格子地去找，最后一定要把针找到。为人浪漫的，做事凭借灵感，喝着香槟，吹着口哨，灵感一来，他们便愉快地把针找到。性格开放的，不拘一格，找一个扫把一扫，再在扫拢的一小堆物中很快地找到。讲求合作的，两个人商量一起找，你从这边找，我从那边找，一下子就能找到。互相抱怨的，首先不是如何去找针，而是先相互抱怨。交针的人抱怨说：“我交给你，你为什么没拿好？”接针的人则抱怨说：“我还没拿好，你为什么就松手了？”结果吵得一塌糊涂。

故事有些嘲讽的味道，做事如果相互抱怨，相互推诿，马马虎虎，应付了事，缺乏自觉性，缺乏承担责任的主动精神，必然一事无成。

个人责任意识的提高不是通过改变他人能够解决的，而必须是我们自己改变才能解决的问题。所以，我们不应该抱怨别人，而要充分地认识自身的问题。与其不断抱怨别人，不如认真改变自己。

没有行动，任何抱怨都无济于事

确定一个理想容易，但要通过行动实现它则甚为不易。如果刚一开始就充满了抱怨，抱怨“天时、地利、人和”什么都缺，抱怨前进的道路太过崎岖，而阻止你前行的脚步，那么任何理想都不可能实现。

克雷洛夫说：“现实是此岸，理想是彼岸，中间隔着湍急的河流，行动则是架在河上的桥梁。”我要说的是，湍急的河流更像抱怨，它总是发出各种嘈杂之音，干扰人的行动，让人的理想难以实现。

事实上，每一个人都有理想。理想的好处是能增强人对生活的热情，使我们在接受考验的时候，还能为了理想而勇敢地面对。然而，除非我们以理想为基础，付诸行动，在行动中不抱怨，否则，任何美好的理想都将难以实现。

有个落魄的中年人每隔两三天就到教堂祈祷，而且他的祷告词几乎每次都相同。

“上帝啊，请念在我多年来敬畏您的分上，让我中一次彩票吧！”

几天后，他又垂头丧气地来到教堂，同样跪着祈祷：“上帝啊，为何不让我中彩票？我愿意更谦卑地来服侍您，求您让我中一次彩票吧！”

又过了几天，他再次出现在教堂，同样重复他的祈祷。如此周而复始，不间断地祈求着。

终于有一次，他跪着说：“我的上帝，为何您不垂听我的祈求？让我中彩票吧！只要一次，让我解决所有困难，我愿终身奉献，专心侍奉您……”

就在这时，传来了上帝的声音：“我一直垂听你的祷告。可是，最起码，你老兄也该先去买一张彩票吧！”

故事听起来似乎有些可笑，可笑过之后令人深思，生活中渴望天上掉馅儿饼这种荒唐事的人并不少见。这些人沉湎于梦想之中，希望有一天梦想能变成现实。但事实上，这些人永远不会实现梦想。原因很简单，光想不做只能是空想，只有行动才能使梦想成真。

另一个故事也告诉了我们行动的重要性。

一个穷人和一个富人共同住在一个偏远的地方。

有一天，穷人对富人说：“我想到南海去，你看怎么样？”

富人说：“你凭借什么去呢？”

穷人说：“一个小瓶、一个饭钵就足够了。”

富人说：“我多年来就想租船沿长江南下，现在还没做到呢，你凭什么走？”

第二年，穷人从南海归来，把去南海的事告诉了富人，富人深感惭愧。

理想确实不容易实现。但如果不去行动，总是抱怨缺乏必要条件，那么连实现的可能也不会有。

冥思苦想，谋划着自己如何有所成就，是不能代替身体力行去实践的，没有行动的人只能做白日梦。

有人说：“生活如同骑着一辆脚踏车，不是继续前进，就是翻倒在地。”所以，我们绝对不能在中途把“踩车”的脚松下来、停下来。任何事情行动第一，绝不要抱怨，有了目标后就要马上去做。

心动不如行动，勇于迈出行动的第一步，你成功的概率就会增大。一个人如果光想不做，那么他永远没有实现理想的可能。

人生永远都没有太晚的开始

也许你不是不够努力，你只是还没找对自己的方向？是不是活出别人的“理所应当”，就算是十分美满？青春岁月总是充满了徘徊和迷茫，没关系，谁都曾经这样。沉下心来，你会发现，你比想象中更强大，从来没有太晚的开始！

在人生最好的时刻遭遇失败和打击，最后灰心丧气，得过且过，这是部分人在人生道路上进入的一个误区。

一个人错过了黄金学习时期，错过了黄金创业阶段，就真的没有成功的希望了吗？事实并非如此，只要你想上进，什么时候开始都不晚。

安娜·麦阿利·莫泽斯出生于美国纽约州一个农民家庭。27 岁的时候，她嫁给了农场里的一个雇工，先后生育了 11 个孩子。此后，她将生命的大部分时光都消耗在了孩子身上，成了一个名副其实的家庭主妇。为了照顾家人，她牺牲了自己的青春年华，牺牲了自己的兴趣爱好，牺牲了自己想要追求的生活。数十年中，她几乎没有出过门，一直默默地坚守着，洗衣、做饭、干农活……时间一晃就是 40 年，此时的莫泽斯已不再年轻，她已是一个 67 岁的老太婆了。而这一年，她的丈夫又被马踢伤，不治身亡，她不得不和小儿子一家人生活在一起。

没有经济来源的莫泽斯成了儿媳妇的眼中钉，尤其当她患上风湿症、丧失劳动能力后，儿媳妇恨不得将她扫地出门。看着儿媳妇阴沉的脸，莫泽斯决心自食其力，她勇敢地拿起了画笔。

莫泽斯一直有一个梦想，就是做一名画家，只是年轻时被贫穷所困，中年时又被孩子和家务所缠。直到 70 岁，她才心无旁骛，无所牵绊，可以安安心心地画几幅画了。

没有画笔，就用刷漆的板刷代替；没有画布，她就在门廊和厨房的地板上画；没有素材，她就到田野里、山坡上去寻找。经过 5 年的刻苦努力，莫泽斯终于创作出第一幅作品《农场·秋》。这幅作品一问世，就受到人们的广泛关注，并被著名的商人托马斯·德拉格斯特亚收藏，摆放在商品陈列窗内。随后，“莫泽斯老奶奶画家”的名号传遍了纽约，她的作品被刊载在各大报纸杂志上。不久，莫泽斯的作品流传到法国。卢浮宫近代美术馆出资 100 万美元收购了她的一幅作品；而在普希金美术馆举办莫泽斯的作品展时，排队参观的人数竟然高达 11 万人次。

再来看一个真实的事例。乔治·道森一直是一个默默无闻的人，直到 90 岁时，他才猛然意识到自己的这一生都虚度了，似乎应该在这个世界上留下点儿什么。于是，他进了扫盲班，开始学识字，学文化知识。后来，他爱上了写作，并孜孜不倦地朝着这个方向前进。终于在他 102 岁那年，他完成了自己的处女作《索古德的一生》。这本书刚刚上市就引起了巨大的轰动，成为美国当时最畅销的书籍之一。乔治·道森一下子从一个名不见经传的小人物，变成一个人们喜闻乐见的大作家。

一个人的命运完全掌握在自己手中。你想成为一个什么样的人，想过什么样的生活，改变与不改变，什么时候改变，都完全取决于你自己。只要你想成为一个有价值的人，那无论什么时候开始都不晚。

打翻的牛奶，何必再为它哭泣

如果你只是一味地自责、懊恼，活在失败的阴影里，那你就永远也无法逃离失败的魔爪。

西方有句谚语：“不要为打翻了的牛奶而哭泣。”

生活中，难免会发生一些意想不到的失误，从而把事情搞得一团糟。这时，一味地怨天尤人，把火气发在别人身上，不仅挽回不了损失，反而可能让后果更加严重。

这种损失或者说失败，我们可以套用上面那个谚语，将其称为“打翻的牛奶”。关于这个名词，还有这样一个故事：某天的晨会上，一位主管把一瓶牛奶放在讲桌上。大家都安静了下来，望着那瓶牛奶，不知道它和这次的会议有何联系。

过了一会儿，主管突然站了起来，一巴掌把那瓶牛奶打翻了。所有的同事都惊呆了。主管大声叫道：“不要为打翻的牛奶哭泣！”

然后，他把所有的同事叫过去：“好好看看，我希望大家能一辈子记住这一次晨会。这一瓶牛奶现在已经全部漏光了，无论你怎么着急，怎么抱怨，都没有办法再救回一滴！事前，只要先用一点点思想，先加以预防，它就不至于被打得粉碎，还可以保得住。可是现在来不及了，我们能做的只是尽快把它忘掉，尽快丢开这件事，集中精力做好下一件事。”

曾经有一位精神病专家，在精神病学界有很高的声誉。他曾这样说过：“我有许多病人都把时间花在了缅怀以往上，后悔当初该做而没做某件事。要是……如果……我那次这样做……”

是啊，在后悔的海洋里打滚儿，是人们的通病，这其实是对精神的严重损耗。要是我们都只活在后悔的海洋里，何来目标，何以奋斗？

那么，怎么去改正它呢？简单点说，只要抹去那些“要是早知道”“如果当初”……这些词语，改用“下次”，只要能坚定地对自己说“下次如果有机会我应该这样做……”那么，你对失败的感觉就会轻松很多。

说穿了，还是那句老话——世上没有后悔药可吃！

在这一方面，美国著名心理学家谢灵顿的经历是一个很好的例子。

谢灵顿年轻时曾经是一个街头恶少。开始，他并不以为耻，毫无悔过之心。一次，他向一位他深深爱慕的挤奶女工求婚。那女工说：“我宁愿投河淹死，也绝不嫁给你这恶少！”

谢灵顿因此无地自容，羞愧万分，从此幡然悔悟。他发誓：将要以辉煌的成就出现在人们面前。于是他刻苦钻研，在中枢神经系统生理学方面硕果累累，先后在英国多所名牌大学任教授，1932 年获诺贝尔生理学、医学奖。

谢灵顿的确“打翻过牛奶”，犯过错误，他肯定也自责、后悔，但他没有将自己的一生都用在自责和后悔上，而是用行动证明了自己：我绝不会在同一个地方摔倒两次！

这才是一个强者应有的态度！

要是我们都能建立一种积极乐观的心态，面对失败，不与其苦苦纠缠，而是“快刀斩乱麻”，迅速地重新上路，那一定会取得好效果。

过去的就让它们过去吧！未来是掌握在自己手中的，不要为打翻的牛奶哭泣。

犹豫不决不如当机立断，扼腕叹息不如放手一搏

为了赢得全局的胜利，我们必须要具有壮士断臂的勇气，凡事切忌犹豫不决。当断不断，必受其乱。

我认识的一位商界的朋友是做保健产品起家的。20 世纪 90 年代末期，他凭着自己对保健品的满腔热情到处收集民间配方，最后仅凭着一个百年良方，在三年内把企业产值做到了上亿。当然，在这三年里，他受到了来自各方面的压力，为了融资，他几乎借遍了所有认识的人。尽管如此，他的信心却从未动摇，认为即使失败也是一时的，自己一定会成功。正是这种坚定不移的信心和钢铁般的意志使他熬过了人生最困难的时期，最终迎来了大丰收。

让我感慨的是，没过几年的时间，当我再次和他见面的时候，却发现他失去了对事物的判断力。那天，当我问他某个产品是否应该立即下线生产时，他的应对首先就是犹豫，然后拿起了电话要询问他的策划顾问。而就我所知，那位顾问不过是一个善于求卦问卜的老道士而已。我又问他，什么时候开新产品宣传研讨会，他又陷入犹豫之中，最后在电脑上查了半天，才选了一个皇历上说是大吉大利的日子。这时候秘书进来请示他，是否要修改一份发言稿。他拿过来改了半天，最后交给了秘书。我看了一眼，发现上面根本没有多少改动，所要求的内容只是将原稿中的“苦”“难”“死”这些他认为不吉利的词语改成吉利的同义字。我这才注意到，虽然只是短短的几年时间，他却富态了许多，眉宇间已经少了三年前的英气。我不由得叹息，他已经成了一个优柔寡断而且迷信的人。几年前的他一无所有，却有大智大勇的判断；几年后他家的财产亿万，却再也没有了勇于决断的勇气。

正如大家所预料的那样，不出几年，我这位朋友的事业终于出现了大的滑坡，因为面对瞬息万变的市场他没有抓住机会。

这绝对是一个真实的故事。它告诉我们，一个人的决断往往会决定他的一生，而这种决断是要承担风险的。然而，这种决断也容易受到环境和人生经历的影响。即使是一个伟大的人物，也难保他不会出现判断上的失误，从而为此付出巨大的代价。

两个猎人去打猎，路上遇到了一只大雁。两个猎人同时拉弓搭箭，准备射杀大雁。

这时，猎人甲突然说：“喂，我们射下来后该怎么吃？是煮了吃，还是蒸了吃？”

猎人乙说：“当然是煮了吃。”

猎人甲不同意煮，说还是蒸了吃好。

两个人争来争去，虽然明知彼此建议的优缺点，但就是做不了决定，一直没有达成一致。后来，来了一个砍柴的村夫，于是两个人上前征询村夫的意见。村夫听完说：“这个很好办，一半拿来煮，一半拿来蒸，不就可以了？”两个猎人感觉这个主意不错，决定就这么办。

于是两人再次拉弓搭箭，可是大雁早已飞走了。

猎人犯了议而不决、拖沓等待的错误，在如何吃的问题上，花了太多的时间和精力，最终失去了猎杀大雁的最佳时机。没有了猎杀的过程，当然就没有了怎么吃的结果；没有快速的行动，当然就没有最后的成功。

就像例子中的猎人一样，犹豫不决的人无一不是消极被动的。他们做事习惯了犹豫，对自己完全失去自信，所以在比较重要的事件面前，他们总没有决断。有些素质、人品及机遇都很好的人，就因为犹豫的性格，把自己的一生都给毁了。

做判断必然要负责任，因此那些胆小怕事者自然惧怕做出判断。但是，只要我们认真思考就不难发现，放弃判断、搪塞拖延、转嫁责任等做法实际上也是一种判断。总之，不管是好是坏，最终还是要承担责任的。

那么，我们应该怎样提高我们的判断力呢？

第一，不要仅仅依靠经验。人可以依靠自己的长处取得胜利，但长处也往往让人遭受失败。正所谓“人才毁于才能，智者败于计策”。

第二，不要先入为主。在未做决定前，要先观察后调查，再做分析；还要尽可能地获得多个角度、多方面的信息。

第三，要大胆假设，小心求证。不要过于相信身边的某些人或者某些自称为权威的人。

第四，一旦感觉错误，立即开始纠正。在大多数情况下，要相信自己的直觉。

第十章

扛得住失败，世界就是你的

所有的事情到最后都是好的，之所以现在感觉不好，是因为还没到最后。在真正的结局到来之前，你是否能扛得住失败，等到世界向你绽放笑脸呢？

不向失败低头，输得起才能赢得起

不用在意一时的成败，当你经得住挫折，有了“宁可一千次跌倒，一千零一次爬起来，也不向失败低一次头”的精神，你才能真正走向成功。

追求成功在某种程度上就像是一场赌博，都想去玩，也都想赢，但是因为怕输，很多人不敢玩。其实，谁都不可能永远是赢家，或者永远是输家。人生本来就是一条崎岖的路，难免会有波折。我们应该知道，成功在很多时候都是用失败换来的。古人说“胜败乃兵家常事”，只有经得起失败打击的人，才能历练出获得成功的本领。经过失败，我们看到了自己的不足和缺点，加以改正以后，才能站得更高，看得更远。

心理学家也认为，人们要想获得成功，首先必须具备不怕输的品质，还要学会认输。一时的得失并不能决定人生真正的成败，真正的胜利者是笑到最后的人。只有你输得起，才会为下一次的成功积蓄力量和信心，成为笑到最后的人。

和玩牌是一个道理：有时候你越是怕输，你就越是会输，因为你没有自信心，没有平常心，所以输得越厉害。其实，输赢也不过是人生的常态，我们应该把输看轻、看淡，去总结经验教训，避免以后重蹈覆辙。通往成功的大道上会遇到许多“绊脚石”，但只要正确对待，不气馁，持之以恒，始终坚定如一，成功就是有希望的。这也是“失败是成功之母”的内涵！

米契尔是美国人心目中的一位英雄。46岁的时候，在一场火灾中，他被烧得体无完肤、不成人形；51岁的时候，他因为一次坠机事故而导致腰部以下全部瘫痪。即便命运如此悲惨，他还是通过自己的努力成了一位百万富翁，成为一位受人爱戴的演说家、企业家，还成为美国坐在轮椅上的国会议员。他不仅拿到了公共行政硕士学位，还持续他的飞行活动、环保运动及公共演说。

米契尔说过：“我完全可以掌控我自己的人生之船，掌控船的浮沉。我可以选择把目前的状况看成倒退或是一个起点。”

一个人的一生中如果遇到一次灾难，也许还可以挺过去，但是接连的打击很可能会把一个人的心灵防线彻底击溃。但是米契尔是一个奇迹，他始终不屈不挠，努力使自己做到最大限度上的独立自主。他说过：“既然无法逃避现实，就必须乐观地接受现实，这其中肯定隐藏着好的事情。我的身体不能行动，但我的大脑是健全的，我还有可以帮助别人的一张嘴。”他当选过镇长，也竞选过国会议员，他用一句“不只是有一张小白脸”的口号，将自己因植皮而变得像调色板一样的脸转化成了一个对自己有利的条件。

米契尔从来没有抱怨过人生多么不公平，相反，他非常热爱生活。米契尔说过：“我瘫痪之前可以做一万件事，现在我只能做九千件。我可以把注意力放在我无法再做的一千件事上，也可以把目光放在我还能做的九千件事上。告诉大家，我的人生曾遭受过两次重大的挫折，如果我能选择不把挫折拿来当成放弃努力的借口，那么，或许你们可以用一个新的角度来看待一些一直让你们裹足不前的经历。你可以退一步，想开一点，然后你就有机会说：‘或许那也没什么大不了的！’”

米契尔是值得我们敬佩的。他从不幸中站起来，拥有宽阔的胸怀和优良的心理素质。米契尔面对灾难的姿态，让我们这些身体健全的人自愧不如。

命运对米契尔开了太大的玩笑，但是命运又是公平的，给了米契尔残缺的身体，也让他拥有了常人没有的坚强的意志和不渝的信念。米契尔用他不平凡的一生告诉了世人，什么叫“只有输得起才能赢得起”。

古今中外的无数事例证明，成功的路是艰难的。如果一个人成功的机会是万分之一，要想抓住这万分之一的机会，就必须要有积极乐观的人生态度。其实，在我们每个人的一生中，随时都会碰上湍流险境。如果我们低下头来，看到的只会是险恶与绝望，于是我们丧失了斗志，使自己堕入失败的深渊；但如果我们能抬起头，看到的则是一片辽远的天空，充满了希望，此时我们便有信心去构筑出一个属于自己的成功的世界。

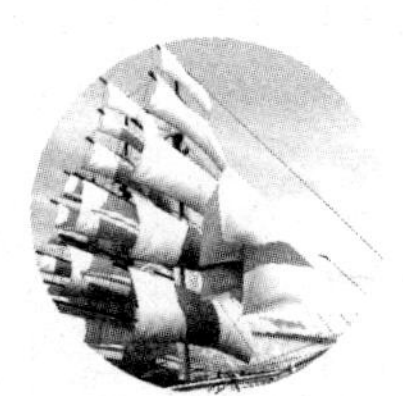

任何时候都不要轻易用失败这个词

人们通常把失败看作是一种诅咒。但是，很少有人能够理解：只有当人们彻底承认失败时，失败才成为诅咒；更少有人明白，失败不是永恒的。

回想一下过去几年的亲身经历，你会发现，你所承受的失败一般都会使你因祸得福。失败能够教给人们从其他地方无法学到的经验。

如果对世界上 100 个被认为“成功”的人士进行认真分析，就会发现，他们曾经被迫经历过你可能无法想象也无从知晓的困难、挫折与失败。

哥伦布没有找到想要找的印度，但他的“失败”让他发现了新大陆。

所以说，任何时候都不要轻易地使用“失败”这个词。

记住，如果在你心中有成功的种子，困难与挫折只会变成养料，使种子发芽成熟。

天将降大任于斯人，一定会用某种形式的失败来考验这个人。如果你认为自己正处于失败之中，请保持耐心——可能你马上就能通过考验了。

当哥伦布在没有航海图指引航向的情况下风雨兼程，航行在汹涌险恶的大西洋上时，他并不知道自己最终会驶向何处，但他在他的航海日志上写道：“今天，我们继续按西南偏西航行。”毫无疑问，哥伦布全身心都充满了信心和希望，他的确相信自己的航线是正确的，他终将达到目的。

毫无疑问的是，他一定也曾有过绝望的想法——永远无法完成宏愿，在恶浪滔滔的海上永无休止地颠簸飘荡，直到有朝一日葬身海底。更糟糕的是，风浪的袭击损坏了他的船舶，一些船员为保性命，图谋反叛。面对严酷的现实，哥伦布的信念是否动摇过，希望是否丧失过呢?

尽管蒙受挫折和失败，面临生死考验，一度处于绝望的境地，哥伦布最终还是鼓起了勇气，屡屡扬起勇往直前的风帆。他清楚自己必须坚持下去，他内心坚毅而勇敢。

当你的事业处于失败的危难时刻，一定要坚定转败为胜的信念。如果你在狂风巨浪的海面上连连受挫，众叛亲离，迷失方向，并发现目的地遥遥无期时，能否奋然而起，坚定而又明确地树立起信心?只有当你相信自己一定能成功时，成功的目标才能实现。那么，在什么时候付诸行动呢?就是要在危急关头，在疑虑重重的时候，在悲痛忧伤的时候，在万念俱灰的时候。

必须像哥伦布那样在一张纸条上写道：“今天，我继续航行！”

你对自己不绝望，人生就不会让你失望

> 很多时候是努力到绝望，才发现事实可以不绝望。环顾周围，每一个站在顶端的人，都是从磨炼中过来的。

1975 年美国心理学家塞里格曼以狗为对象进行了一次实验。

他把一只受过电击的狗放进一个笼子，这个笼子由两部分构成，中间用隔板隔开，隔板的高度是狗可以轻易跳过去的。隔板的一边有电击，另一边没有电击。实验者发现，这只曾受过电击的狗除了在头半分钟惊恐一阵子之外，此后一直卧倒在地，绝望地忍受着电击的痛苦，根本不去尝试有无逃脱的可能。

做最后一个实验时，塞里格曼把没有经受过电击实验的狗直接放进有隔板的笼子里，发现这些狗全部都能逃脱电击之苦，轻而易举地从有电击的一边跳到安全一边。

塞里格曼把上述实验中狗的绝望心理称为“习惯性无助”。这种情况在现实生活中也是常见的，一个失败了太久的人，不太容易相信自己会成功。例如，当一个人在职场发现无论他如何努力，无论他干什么，都以失败而告终时，他就会觉得自己控制不了整个局面，于是，他的精神支柱就会瓦解，斗志也随之丧失，最终就会放弃所有努力，陷入绝望。

对有的人来说，成功可能是一个很慢的过程。重要的是，要懂得这样的道理，心累了，就歇会儿，但千万不要放弃！

对于每个人来说，时间都是公平的，你埋怨，你绝望，日子会一天天过去；你快活，你欢乐，日子也会一天天过去。应该怎样调整自己的状态呢？

姜涛是名牌大学的研究生。对绝大多数的人来说，具备这样的学历可能都会选择从事对文化水平要求较高的工作。可是，姜涛没有这样。他选择从最底层的业务员做起。他当年考研究生是为了挑战自己，现在选择业务工作则是为了适应当今时代发展。他不像别人，认为自己学历高就可以一天到晚坐在办公室，打打文件、上上网；也不像很多看不起做业务的人，总认为业务员是没有能力的人做的事。

姜涛带着豪情壮志投入到销售行业，他不怕吃苦，不怕拒绝。他看到那些在大城市买车、买房、办公司的人，都是从最底层的业务员做起的。

当然，姜涛也不怕自己的努力得不到回报。他进入一家公司工作已经有两个月了，工作一直没有进展。当大家都对他失望的时候，姜涛自己并没有放弃，他还是积极地应对客户。虽然大部分客户问得都非常详细，有的客户问的问题还非常古怪，但是姜涛都非常用心和耐心地找到最好的答案，和客户沟通。

一天，他看到领导的秘书有一项工作——替领导给客户送东西。姜涛仔细思考了一下，认为和客户近距离的接触有助于与客户建立很直接的关系。他想这可能就是一个很好的机会，所以他决定要试一试。

于是，姜涛主动找到领导的秘书，要帮忙送东西，秘书非常高兴地答应了。在他和秘书沟通的时候，很多同事也在场，大部分人看到这一幕，都觉得姜涛是“病急乱投医”，认为他即使再努力，也折腾不出什么花样。可是因为对这千分之一机会的不放弃，对自己努力的不绝望，终于让姜涛的事业有了转机。

这一次，姜涛真的抓住了机会，拿到了一个大客户。最让客户印象深刻的是，原本只是随便问一问产品的事情，姜涛讲述的专业程度却让客户大为叹服，而这都得益于姜涛之前做的努力。这一次，他在所有的赞叹中超额完成了年度销售指标。

很多人认为人生中运气非常重要，还有人甚至认为运气对人生有决定性的作用，但实际情况是，万分之一的机会来临的时候，对自己不绝望的人，才能把握住这次好运，很多貌似是运气的事情中又蕴涵着很大的必然性。

的确，每个人的情况不同，有的人在遭遇打击时，越挫越勇，不怕挫折。但是对于大部分的人来说，如果一直努力，却没有成效，绝望就真的会来偷袭。

这时候，我们最好顺应自己的心理。这里说的不是顺应自己的绝望，而是顺应自己的心理，允许自己有哭泣和软弱的时候，这是对自己情绪的一个疏导。真正的智慧，非常简单，就是疲倦的时候歇会儿；休息好了，接着找方法，与困难斗争到底！

把失败写在背面，相信自己一定能成功

失败的下一站是“痛苦”，但不是终点站，而是岔道口。这岔道口分出两条路：一条是心灰意冷，一蹶不振的路，这条路通向彻底的失败；另一条路是汲取教训，再接再厉的路，这条路通向失败的反面——成功。

美国有一个年轻人，他从很小的时候就为自己树立了一个梦想——成为一名出色的赛车手。在军队服役的时候，他曾开过卡车，这对他掌握出色的驾驶技术很有帮助。

退役之后，他选择到一家农场里开车。在工作之余，他仍一直坚持参加一支业余赛车队的技能训练。只要有车赛，他都会想尽一切办法参加。因为得不到好的名次，所以他在赛车上的收入几乎为零。不仅如此，他还因为赛车欠下一笔数目不小的债务。

一次，他报名参加了威斯康星州的赛车比赛。当赛程进行到一半多的时候，他的赛车位列第三，有很大的希望在这次比赛中获得好的名次。可厄运突然降临，他前面那两辆赛车突然相撞，他迅速地转动赛车的方向盘，试图避开他们。可是，因为车速太快，他终究未能成功。他撞到车道旁的墙壁上，赛车停了下来。

当他被救出来时，手已经被烧焦，鼻子也不见了，体表烧伤面积达40%。医生给他做了7个小时的手术，才把他从死神的手中解救出来。

经历这次事故后，他的性命尽管保住了，可他的手萎缩得像鸡爪一样。医生告诉他说："以后，你再也不能开车了。"

要是一般人，往往就会因此放弃，甚至陷入绝望。然而，这个年轻人并没有因此而灰心绝望。为了实现自己的梦想，他决心再一次为成功做出努力。他接受了一系列植皮手术。为了恢复手指的灵活性，他每天都不停地练习用残余部分去抓木条，有时疼得浑身大汗淋漓，他仍然坚持。

年轻人始终坚信自己的能力。在做完最后一次手术之后，他回到了农场，用开推土机的办法使自己的手掌重新磨出老茧，并继续练习赛车。

仅仅是在9个月之后，他又重返了赛场！他首先参加了一场公益性的赛车比赛，但没有获胜，因为他的车在中途意外地熄了火。不过，在随后的一次汽车比赛中，他取得了第二名的成绩。

又过了两个月，仍是在上次发生事故的那个赛场上，他满怀信心地驾车驶入赛场。经过一番激烈的角逐，他最终赢得了比赛的冠军。

这个年轻人，就是美国颇具传奇色彩的伟大赛车手——吉米·哈里波斯。

当吉米第一次以冠军的姿态面对热情而疯狂的观众时，他流下了激动的眼泪。一些记者纷纷将他围住，并向他提出一个相同的问题："你在遭受了那次沉重的打击之后，是什么力量使你重新振作起来的呢？"

此时，吉米手中拿着一张此次比赛的招贴图片，上面是一辆赛车迎着朝阳飞驰。他没有回答记者的提问，只是微笑着用黑色的水笔在图片的背面写下一句话：把失败写在背面，我相信自己一定能成功！

把失败写在背面，用痛苦守候欢乐，在绝望中不放弃希望，吉米最终实现了自己的梦想。

失败并不可怕，可怕的是因为失败而放弃，陷入失败所制造的痛苦中不能自拔，如此，自然就会错过成功的机会。相反，在经历失败的时候，仍旧不放弃对梦想的追求，那就可以上演人生的逆袭，从败局中突围而出，迎接属于自己的成功。

你强大，困难就渺小

困难的大小，往往不在于困难本身，而在于人。如果你是强大的，困难就显得很渺小；如果你很渺小，困难看起来就很强大。

那些有夸大困难倾向的人往往缺少获得成功的必要毅力和勇气。面对困难，他们不想做出牺牲。想到读书的辛苦，想到干事业的艰辛，他们就退却了。他们总是奢望有人能够站出来，拉他们一把，推着他们向前走。

我认识一个高中生，他写信向我请教说，他非常渴望接受更高等的教育，非常想读大学；然而，没有人能够帮助他。他说，如果他有一个富有的父亲送他到大学读书，他肯定能成为一个有出息的人。从他的话语中，我可以肯定，他并不是想要接受教育，并不是真切地渴望读书、渴望学习，而是想不费吹灰之力就拥有一个大学生的学识。

那些意志坚定、不屈不挠、不达目的誓不罢休的人，也可能看到、遇到困难。不过，他们不怕困难，因为他们认为与他们坚强的决心、坚定的信心相比，这些困难是微不足道的。在他们的内心深处有一股超人的力量：他们深信自己大无畏的勇气和毅力会将这些困难全部消灭干净。对于他们坚定的意志来说，这些困难甚至是不存在的。比如，拿破仑，对他来说，阿尔卑斯山就是不存在的，这并不是因为阿尔卑斯山不够险峻，而是因为他比它更伟大。对拿破仑的将军们来说，阿尔卑斯山是无路可通的。但是，对于他们坚强的领袖来说，越过终年积雪的阿尔卑斯山，就是一望无际的平原。

美国作家夏洛特·安娜·珀金斯·吉尔曼在《障碍》这首诗中描述了一个游客的经历。

一名游客背负着沉重的行囊，沿着山坡不断地向上爬。突然，一个巨大的障碍挡住了他的去路。在开始的时候，他非常有礼貌地请求障碍走开，不要挡住他的去路。然而，障碍一动也不动。他变得生气起来，开始对着障碍破口大骂。然而，障碍仍然是一动也不动。然后，他跪了下来，请求障碍起开。可是，障碍还是一动也不动。最终，正当这名游客无望地坐下来想要放弃的时候，他突然精神振奋起来。还是让他自己来说说他是如何处理这个问题的吧！

"我摘下了帽子，拿起了棍子，
并且把行李安置好，
我带着心不在焉的神情，
朝着那个可怕的恶魔走去——
我径直地、堂而皇之地穿过它，
就好像它不存在一样！"

站在困难面前，我们要勇敢地面对它，就好像它不存在一样大胆地走过去。这样，它就会像冰雪遇到了太阳一样融化、消失。

无论做什么事情，你都要尽可能地藐视困难与不幸，充分利用可利用的资源，最大限度地发挥自己的潜能，尽可能地减少那些不利因素带来的负面影响。

在养成这样的习惯之后，你就会发现，这个习惯不仅有助于你的工作，而且会给你带来无限的快乐与幸福。它会将不愉快的事情变成令人快乐的事情，将不利的因素变成有利的因素，并给生活带来比金钱更有意义的东西。不久以后，你就会发现，你已经成为一个强者。

所谓人生豪迈，只不过是从头再来

在与各种对手激烈竞争时，也许我们会遭遇失败。但我们无须惧怕失败，失败的经验让我们更能看清楚成功的方向。

《从头再来》这首歌打动了无数创业者，其中有这样一段歌词：

昨天所有的荣誉，已变成遥远的回忆。
勤勤苦苦已度过半生，今夜重又走入风雨。
我不能随波浮沉，为了我挚爱的亲人。
再苦再难也要坚强，只为那些期待眼神。
心若在，梦就在，天地之间还有真爱。
看成败，人生豪迈，只不过是从头再来。

《从头再来》这首歌曲原本是鼓励下岗职工为了家庭和亲人顽强生存下去的，但是当它很快传播开来后，起的作用就远非初衷那么简单了。事业失败的人、感情受挫的人、官场失意的人，甚至是稍有不顺的人，都能从中获取继续奋斗下去的力量和勇气。特别是“心若在，梦就在，天地之间还有真爱；看成败，人生豪迈，只不过是从头再来”这一句尤为感人，给人以无穷的力量。

《菜根谭》也有这样一句类似的话:“败后或反成功,故拂心处切莫放手。”意思是说，有时遭受失败后反而会令人成功，所以在不遂心时不要放弃。

有一位在商界沉浮多年的老人，一个跌倒过并且跌得很惨的人。他原本担任一家小工厂的厂长，当时他以非凡的胆识和能力，披荆斩棘，用 18 年的拼搏使这家小工厂成长为大型集团。

可是,辉煌的人生之路在他71岁时偏离了方向。1999年,因为贪污受贿,他被判无期徒刑。对于一个 70 多岁的老人来说，这应该是一生中摔得最重、跌得最惨的一跤。许多人认为他的一生已经完了。然而，这位老人并没有垮掉，他在狱中积极进取。

2002 年，他获批保外就医，回到家中居住养病。依照一般人的想法，他能在家颐养天年，就已经算是最好的结局了。

不过，他的选择让人大跌眼镜：他承包了荒山，开种果园！选择从头再来！

他开山建园期间的辛苦不必多说。仅几年之后，这位老人便用辛劳和汗水把荒山变成果园。他种出来的冰糖脐橙深受市场欢迎，在深圳、北京、上海等大城市都有很好的销量。

说到这里，很多人应该已经猜出了这位老人的名字。是的，这位老人就是原云南红塔集团董事长，依靠“褚橙”从头再来的褚时健。

所谓人生豪迈，只不过是从头再来。像褚时健一样，有些人就是在这样跌倒后就爬起来的、永不认输的过程中变得强大和不可战胜的。

一个人要成就事业，就必须具备百折不挠的精神，不能因为害怕失败就放弃努力、放弃追求，更不应该在跌倒之后爬不起来。一个暂时失利的人，如果继续努力，打算赢回来，那么他今天的失利，就不算是真正的失败；相反，如果他失去了从头再来的勇气，那就真的输掉了人生！

天大的事，抗一抗也就过去了

绝处尚有逢生的机会，风雨过后才有灿烂的彩虹，浴火后才有凤凰的涅槃。天底下，没有扛不过去的事，只在于你有没有挺过去的信心和勇气。

人的承受能力其实远远超过我们的想象。不到关键时刻，我们很少能意识到自己的潜力有多大。同样，在我们没有遭遇失败的时候，我们根本不知道自己能够承受住多大的打击。

人总是在遭遇一次重大的失败之后才会幡然醒悟，重新认识到自己的坚韧。所以，无论你正在遭遇什么失败，都不要一味抱怨上苍是多么不公平，甚至从此一蹶不振。人生没有过不去的坎，只有过不去的人。

1954 年，巴西足球队人才济济、实力鼎盛，在巴西球迷看来，世界杯赛的冠军肯定是巴西队。但足球的魅力就在于难以预测。在半决赛时，巴西队意外地输给了法国队，没能将那个金灿灿的奖杯带回巴西。

巴西队球员们比任何人都更明白，足球是巴西的国魂。他们懊悔至极，感到无脸去见家乡父老。他们知道，球迷们的辱骂、嘲笑和扔汽水瓶子是难以避免的。

当飞机飞入巴西领空之后，球员们更加心神不安，如坐针毡。可是，当飞机降落在机场的时候，映入他们眼帘的却是另一种景象。巴西总统和两万多名球迷默默地站在机场迎接他们，人群中有两条横幅格外醒目：

"失败了也要昂首挺胸！"

"这也会过去！"

球员们顿时感动得泪流满面。总统和球迷们都没有讲话，默默地目送球员们离开了机场。

球员们对"失败了也要昂首挺胸"的理解是比较深透的，可相比之下，对"这也会过去"的理解却不够深透……

四年后，巴西足球队不负众望，赢得了世界杯冠军。回国时，巴西足球队的专机一进入国境，16 架喷气式战斗机立即为之护航。当飞机降落在道加勒机场时，聚集在机场上的欢迎者多达 3 万人。在从机场到首都广场将近 20 千米的道路两旁，自动聚集起来的人数超过了一百万。这是多么宏大和激动人心的场面！

人群中也有两条横幅格外醒目：

"胜利了更要勇往直前！"

"这也会过去！"

球员们对"胜利了更要勇往直前"的理解是比较深透的，可相比之下，对"这也会过去"的理解还是不够深透……

后来，巴西足球队的队长向一些人请教，应该怎样理解"这也会过去"的含义？

真是无巧不成书。队长请教的一位老者正是"这也会过去"的横幅的写作者，他给队长讲了下面的故事：

据说，所罗门王有一天晚上做了一个梦。一位智者在梦里告诉他一句至理名言，这句至理名言涵盖了人类的所有智慧，能使他在得意的时候不会趾高气扬，忘乎所以；在失意的时候能够百折不挠，奋发图强，始终保持勤勤恳恳、兢兢业业的状态。

但是，醒来之后他怎么也想不起来那句至理名言。于是，所罗门王找来了最有智慧的几位老臣，向他们讲了那个梦，要求他们把那句至理名言想出来，并拿出一颗大钻戒，说：“如果想出来那句至理名言，就把它镌刻在戒面上。我要把这颗戒指天天戴在手上。”

一个星期过后，几位老臣兴奋地前来送还钻戒，戒面上已刻上了一句勉励人“胜不骄，败不馁”的至理名言：

“这也会过去！”

生活里不可能总是艳阳天，狂风暴雨随时都有可能出现，但一切都会过去。只要我们有迎接厄运的勇气和胸怀，在低谷和挫折面前不低头，跌倒了重新爬起来，以勇敢的姿态去迎接命运的挑战，就能迎来人生的辉煌。

失败只是一时的，放弃才是永远的

只有一种人是永远失去了改变自己人生的机会的人，那就是——死人！只要自己还活着，只要自己还不放弃，失败永远都只是一时的。

坚定地朝目标前进，从不妥协，从不灰心，永不放弃！在人类社会当中，没有哪种品质比这种品质更值得人们尊敬了。

鲍比是某时尚杂志的总编辑，他才华洋溢，个性豁达、开朗。他的生活哲学就是：“生活，简单、快乐就好！”

但是，如此豁达的人，却不幸地遇上了可怕的病魔。

一天早上，43 岁的鲍比突然因脑中风倒下，而他的人生也在此时发生了重大的转折。

死里逃生的鲍比，经过几个星期的抢救，终于度过了危险期。但是，病魔仍然夺走他身上的许多东西——他瘫痪了，不能言语也不能行动，甚至连呼吸也要依靠辅助设备。

不过，他仍然乐观地告诉自己：“还好，我还能思考！”

他靠着还能活动的左眼与外界进行沟通。这只深绿色的眼睛，时而眯着，时而闭上，时而瞪大，他努力地用这几个简单动作传递自己生命的活力与讯息。

鲍比利用这只眼睛，努力地与医生沟通。当医生拿着字母反复朗读时，会仔细观察鲍比的左眼。他眨一次眼睛，表示“是”，眨两次代表“不是”，然后医生会记录下鲍比所选择的字母。

两个人居然就在这个“眨眼”的动作中，共同完成了一本书，书名叫《潜水钟和蝴蝶》。

该书出版后更是引起一阵热烈的讨论，因为，每个人都被这个不可思议的写作方式感动，并感到震撼。

当厄运降临时，鲍比仍能靠着自己乐观的意志力，爬出命运的深谷，并重新展翅在灿烂的阳光下，实践他“快乐生活”的人生态度。那么，我们这样四肢健全、头脑发达的正常人呢？是不是应该有更多快乐生活的理由？

生活可以用很多方式表现，只要还能呼吸，我们就有很多事情可以继续去做。即使是失去了一条腿的青蛙，也还能靠着水流到达它梦想的天地。我们又岂能因一点点的不幸而失去对生活的希望呢？

当你尽了最大努力还是遭遇失败时，请不要放弃，只要开始另一个计划就行了。拿破仑·希尔和他的朋友合作开发了一种产品。虽然产品成功地开发出来了，但是卖不出去，希尔幸运地退出了，他的朋友却损失了很多钱。他的朋友却说：“我并不怕失去金钱，使我真的害怕的是失败让我变成一个怯懦的人。如果是那样的话，我就永远没有成功的机会了。”

世界上没有一样东西可以取代毅力，才干也办不到。一事无成的天才非常普遍，学无所用的人比比皆是。只有毅力和决心才能使你抗住所有失败，并最终走向成功。

第十一章
不要因为走得太远，而忘了自己为什么出发

未来的路仍然漫长，有各种艰难困苦等着我们去面对，但我们始终要记得，前行的路上，不要因为走得太远，而忘记当初为什么出发。

如果你知道去哪儿，世界都会为你让路

“如果你知道去哪儿，世界都会为你让路”，这虽然只是一句广告语，却曾经激励了不少人。的确，只要有人生目标，并且朝着这个目标前进，世界都会帮着你实现你的目标。

这是一个很多年前发生的故事。美国一家报纸刊登了这样一则启事：某家园艺机构重金寻求纯白色金盏花，赏金额度之高，足以让每一个看到它的人心跳不已。

消息传出后，迅速在全国引起了轰动，几乎一夜之间，很多人都开始种金盏花。可是在自然界，金盏花除了金色的，就是棕色的。要想培育出白色的新品种，那简直就如上天揽月般异想天开。所以，很多人在一时冲动试过之后，就都把那张旧报纸扔到了脑后：什么纯白色金盏花，做梦去吧！

时光如梭，转眼20多年过去了。如果不是一个很意外的邮包，连那家园艺机构恐怕都想不起来自己曾发过一则这样的启事了。那是一件来自偏远乡下的邮包，收件人打开一看，里面装的居然是100粒纯白色金盏花的种子，另加一封热情洋溢的应征信。

竟然真的是纯白色的金盏花？“这些种子到底来自何方？”那家园艺机构的负责人暗叹。

读过那封信之后，他才明白：寄种子的是一位年逾古稀的老人，一个真正的“花迷”。

那一年，这位老人从儿子带回来的报纸上看到那则启事后，心里很是激动，于是不顾子女们的反对，马上动手操作起来。

一年之后，他种的金盏花开花了，他从那些花朵中挑选了几朵颜色最淡的进行选种栽培。

第二年，他又如法炮制，筛选了颜色最淡的花朵做来年的种子。

就这样，年复一年，他始终不渝地坚持着。终于，20 年后的某天，他的努力得到了回报：他的小花园里，出现了一朵白色的金盏花！那种白不是粉白，不是银白，也不是极淡的米白，而是纯正的雪白！

至此，一个让专家都感觉束手无策的大难题，被一位连“遗传学”是什么都不知道的老人破解了。因为感动于老人的执着和热情，那家园艺机构立刻兑现了当年的承诺，偿付了那笔令人咋舌的高额奖金。

就像这位老人一样，如果知道自己去哪儿，要干什么，并持之以恒地朝着那个地方前进，那么世界上所有的困难都会为你让路，而成功就会悄悄向你走来。

人生路上，我们跌跌撞撞，有过烦恼忧愁，有过迷茫悔恨。曾经为了所谓的未来，我们在深夜哭红眼眶，孤单一人寂寥地走在无人的街上。可是，你知道吗？只要你知道自己去哪儿，那么，无论你犯了多少错或进步得有多慢，你都走在了迷失了方向的人的前面。因为，未来，永远属于有决心去实现自己预言的人。

孙正义，1957 年生于日本，软件集团董事长兼总裁，由他创立的软件银行公司自 1994 年上市以来，拥有日本三百家企业，遍及美国、欧洲重要的合资或独资企业，辖下关系事业、创投资金和策略联盟等一切资产，总共四百亿美金，跻身日本前十大会社。《福布斯》杂志称他为“日本最热门企业家”，他曾以300亿美元资产成为亚洲首富。

在创建软银公司的时候，孙正义没有资金也没有经验，同时也没有生意上的关系，唯一有的只是热情、激情，以及一个渴望成功的梦想。

这个“渴望成功的梦想”就是他在19岁时制订的“50年计划”，也就是他的未来蓝图：

在20多岁时，要向所投身的行业宣布自己的存在。

在30多岁时，要有足够的种子资金做一个大的项目，而且这个种子资金的规模应该在1亿美元以上。

在40岁时，要选好一个非常重要的行业，然后全力以赴在这个行业里做成第一名。

在50岁时，做出一番惊天动地的伟业。

在60岁时，获得标志性的事业成功。

在70岁时，把事业交给下一任接班人。

孙正义制订这个野心勃勃的“50年计划”时还是一个学生。但是他认为，如果他许下一个宏大的愿望，拥有一个伟大的梦想，并有着高昂的激情和卓越的远见的话，人生就会变得更加充实，更加精彩。

一个没有目标的人，就会失去方向，就像轮船没有了舵手，旅行时没有了指南针，会令自己无所适从。而一个知道自己去哪儿、要干什么的人，永远会朝着自己的目标迈进，拼尽全力实现自己的人生预言，而相应的，整个世界也都会为他让出一条成功之路。

不要在世间荆棘中迷失自己的初心

人生之路，并非一片坦途，也会遇到未被开垦的“原始森林”。在这个瞬息万变的时代中，我们只有坚定目标，才能冲破荆棘，走出迷宫般的“原始森林”。

在人生路上，坚定的目标犹如参天大树脚下的根，能够牢牢地抓紧自己脚下的泥土，纵使遭遇狂风暴雨，依旧岿然不动。

学旅游管理专业的小岩，大学毕业之后进入了一家公司做助理。平淡而乏味的日子一直让小岩为之烦恼。可是因为所学专业受限，即使跳槽也很难找到一份令自己满意的工作。

小岩有几个做 IT 的朋友，在与他们的接触中小岩发现，虽然他们工作得非常辛苦，但是每一天都过得很充实，而且 IT 还是一份薪水很高的工作。于是，小岩决定选择一家计算机学校，学习编程。

身边的很多朋友都觉得她疯了，纷纷劝她：IT 行业是男人的天地，而且你半路出家，跟那些科班出身的人是没法比的。

但是，她十分有个性地回敬一句：“男人是人，女人也是人，凭什么他们能成，我就不成？”

虽然话说着容易，真正学起来却是十分辛苦的。

为了能够学好编程，小岩选了一家非常知名的计算机学校，辞去了专职工作，开始找一些不影响学习的兼职工作。

艰难的学习生涯，小岩终于咬牙挺了过去，但是走出学校的小岩将面临自己的第二次择业。

虽然她拥有良好的技术，但是没有相关专业的学历证书，这给她带来了不少的麻烦。但是她明白此时既不能退缩，也不能退而求其次，因为计算机技术更新非常快，如果自己这两年的所学不能及时应用到工作之中，那这些知识将很快变为“垃圾”，自己的努力和辛苦也将付之东流。

正处于苦闷之中的小岩接到了一个面试电话。这个电话犹如小岩的救命稻草，让她有点欣喜若狂，但是对方接下来的话又把她打入了“冷宫”。

“你就是小岩？我看名字还以为是个男生呢（小岩的名字比较男性化）！唉，既然是个女生，我们不打算招了。”

小岩听了很气愤，但是如果失去这次机会，不知道什么时候才能碰上。她压住怒气，急忙说：“请先别挂电话，我虽然是个女生，但是这份工作是论能力的，而不是分男女的，我想我有能力胜任这份工作。你们不应该因为我是女生，就连展示的机会都不给我。我希望你们能够看一下我制作的案例，再来评判我行与不行。”

对方大概被她诚恳而坚定的语气所打动，让她一周后带自己的案例去面试。两周后，小岩顺利地获得了这份工作。

在当今社会，大多数工作是不分性别的，只要你能力卓越，无论是男是女，都会有一个适合你的职位。只有你无论在顺境中还是逆境中，始终把握自己选定的目标，坚定不移地走下去，才能抓住属于你的机会。

有人说过：“机遇是一只狡猾的小老鼠，不到最后关头，它是不会轻易出现的。”

所以，我们要想抓住这个狡猾的小东西，必须把我们的注意力集中起来。

我们不能一会儿在花园里看见了美丽的蝴蝶，就情不自禁地追了上去；一会儿看见了水中游动的小鱼，便喜不自胜地伸出自己的手，去搅动平静的水面，结果到最后“竹篮打水一场空”。

小玲毕业于一所名牌大学的法律系。在学校中成绩不错的她和许多法律系学生一样，想成为一个在法庭上舌辩群雄的律师。

可是成为律师的第一关就是考律师证，而律考每年7%的过关率总是让人“想说爱它不容易”。小玲找到一家不错的律师事务所做助理，她决定在这里边做边学，等待考试。

可是，第一次的考试结果不尽如人意，小玲败北了。她心里十分懊恼，工作时总是提不起精神来，工作的纰漏也是越来越大。她的上司提醒她，如果再这样下去，她在律师事务所的前途会受到影响。

小玲更为沉闷，想换一个工作环境。刚好这个时候，同学所在的一家公司的人力资源部缺人，而且薪水也十分不错，于是她跳到了同学所在的公司。这里较为宽松的环境使她渐渐地忘记了失败的痛苦。

当律考再次来临时，小玲看见从前的同学再次备战，心痒难当，但是失败的阴影在她的心里挥之不散。她害怕失败之后连这份安稳的工作都难以保住。

两三年之后，小玲的那些抱着“律师梦”的同学，已经手握律师证在自己的战场上开疆破土了，个别同学已经小有名气。而小玲还在原来公司的人力资源部原地踏步，她看见同学有自己的事业，不禁黯然神伤：如果当年坚持自己的目标，现在会是什么样？

人生无时无刻不充满挑战和危机，前进的压力就像空气一样，无处不在，无孔不入。不管你选择什么作为职场上你为之努力的目标，你都无法逃避前进中急流的迅猛冲击。

是逃避？还是承受？

这一切只能由身在迷局中的你来抉择。

为什么不活出自己想要的样子

每个人都有着属于自己的舞台，如何去演绎，要活出怎样的人生，决定权全在于你自己。

人生是不可转让的专利，每个人想要的目标不同，过程也就不同。有的人想要一片大海、一方蓝天，他就将人生活得像一场旅行；而有的人渴求青史垂名、万世荣耀，他就将人生活得像一场赛跑。这世界不允许千篇一律的存在，我们大可不必羡慕别人，只需要活出自己最想要的样子。

电视剧《金婚》中有这样的对话，儿子对父亲说：“你可以选择做痛苦的思想家，我可以选择做快乐的猪。”

这话引起了我的思考：两代人，两种观点，两种生活方式。谁能说哪个更好？有些时候，也许在你看来是种痛苦，别人体会到的却是幸福；而你认为是快乐的事情，在别人看来未必是快乐的。我认为生活没有绝对快乐与痛苦，一切只看你的心，看你自己想怎么活。

我们每个人都有自己的路，随波逐流是大可不必的。你不必羡慕他人手中的玫瑰，因为你有一支百合；玫瑰的芳香馨郁，诱惑着别人，而你手中的百合，淡雅清丽，沁人心脾。

某一期《星光大道》上，有一位选手素面朝天，不施粉黛。她没有魔鬼身材，没有娇艳面容，上身穿着蓝色工作服，脚下穿黄球鞋，发型很是随意，看上去就是一个地地道道的农村妇女。可就是这样的她，却凭着一首首声情并茂的颂歌和一个个乐器的串烧，凭着坚实圆润且富有感染力的声音，深深打动了荧屏内外的观众，被亲切地称为“中国的苏珊”。

这位选手叫刘向圆，是河北承德宽城县一位普普通通的仓库管理员。她坚守在某工厂废旧物资回收站的岗位上，十年如一日，面对着空旷的仓库练习唱歌，吹奏乐器，追求着自己的艺术梦想。在那里，平日无人的库房成了她最好的舞台。她不用在乎旁人的眼光，尽情地歌唱，她要唱出个样儿给自己听。

周赛登场之前，主持人让她换一身演出服，原因很简单：如果第一关在人们心目中留下的印象不佳，就会惨遭淘汰。可刘向圆憨厚地笑笑说：“这样挺好的：我不穿给谁看，自己感觉好就行。”在她的心里，她是穿给自己看的，自己舒服就行。

舞台上，从没见过如此场面的刘向圆有些怯场。主持人给她鼓劲说：“你就权当我们演播室就是仓库，你就权当我们的观众都是保管员，你就权当主持人就是废品。”她依然憨厚地笑笑，认真地点点头。她在心里已经认定：我只是一名仓库保管员，我要唱出个样儿给自己听。果然，一曲曲《永远跟党走》《我爱你，中国》，感染了全场的观众，赢得喝彩一片。她果真在人们的心中烙下了个独特的形象，展现了自我。

之后，刘向圆作为月赛的挑战者，依然身着蓝色工作服。当主持人问及她想挑战哪一位选手时，她真诚地说：“我就想挑战我自己，行就上不行就下呗。”在她眼里，挑战就是为了活出自己。

活出自己想要的样子，是一种自信，一种超然，一种坚定。万人如海一身藏，走向观众是自我，走下舞台仍是自我，不曾为谁梳妆，不曾为谁改变。

我们来到这个世界，很多时候都在为别人奔波，为世俗而活，沿着周围的人为我们设计的轨迹有条不紊地前进着，只为活出个样子给别人看。为什么不活出自己想要的样子给自己看呢？不在乎别人的冷嘲热讽、指指点点，也不在乎别人的诽谤打击，只要还有一个观众，哪怕这个观众是自己。

将来的你一定会责怪现在满足现状的自己

不满足于现在的自己，好了还要求更好，时时努力，时时超越，如此，将来的你才不会责怪现在的自己。

天下之所以有那么多人一无所成，原因就是他们太容易满足了。现实生活中，有很多人在取得一时的成功后，往往就抱着“守成”的观念，再也不肯为最初的梦想而努力了。这种人会阻碍自己前进的道路，甚至压抑其他人的成长。眼前一时的成就只可以让你小小地高兴一下，切不可因此忘记了你最终目标是什么，忘记了你要走的路。否则，等到将来，你一定会悔恨万分。

1801 年的意大利，有两个年轻人，一个叫柏波罗，一个叫布鲁诺。他们是堂兄弟，都是不甘于贫穷的人。他们住在一个大村子里。

他们两人常常谈论，在某一天通过某种方式，让自己可以成为村里最富有的人。他们都很聪明而且勤奋，他们所需要的只是机会。

有一天，机会来了。村里决定雇用两个人把附近河里的水运到村广场的蓄水池里去。村长把这份工作交给了柏波罗和布鲁诺。

两个人各抓起两只水桶奔向河边开始了他们辛勤的工作。当一天结束时，他们把村广场的蓄水池装满了。

“我们的梦想终于实现了！”布鲁诺大喊着，“我简直不敢相信我们的好运气。”

柏波罗却不是这样想的，他认为这并不算是梦想的实现，只能说是实现梦想的一个契机，他对此并不满足。

他的背又酸又痛，用来提那重重的水桶的手也起了疱。他害怕每天早上起来都要去做同样的工作，于是他发誓要想出更好的办法，将河里的水运到村里来。

“布鲁诺，我有一个计划，”第二天早上，当他们抓起水桶去河边时柏波罗说道，“一个桶水才 1 分钱的报酬，却要这样辛苦地来回提水，我们不如修一条管道，将水从河里引进村里去吧！”

布鲁诺愣住了。

“一条管道？谁听说过这样的事？”布鲁诺大声地嚷道，“柏波罗，我们拥有一份很棒的工作。我一天可以提 100 桶水，一天就是 1 元钱！我已经是富人了！一个星期后，我就可以买双新鞋。一个月后，我就可以买一头牛。6 个月后，我还可以盖一间新房子。我们有全镇最好的工作。我们这辈子都不用愁了！放弃你的管道幻想吧！”

柏波罗不是一个容易气馁的人，他耐心地向他最好的朋友解释这个计划，可惜并不能改变布鲁诺的想法。于是柏波罗决定，即使自己一个人也要实现这个计划。他将白天的一部分时间用来提桶运水，用另一部分时间以及周末的时间来建造他的管道。他知道，要在像岩石般坚硬的土壤中挖出一条管道是多么艰难的事。因为它的薪酬是根据运水的桶数来支付的，所以他知道在开始的时候，自己的收入会下降。他也知道，要等上 1 年、2 年，甚至更长的时间，他的管道才能产生可观的收益。但是他坚信，只要自己能够坚持下去，梦想终会实现，于是他全力以赴地去做了。

不久，布鲁诺和其他村民就开始嘲笑柏波罗了，称他为“管道建造者柏波罗”。布鲁诺挣到的钱比柏波罗的多一倍，并常向柏波罗炫耀他新买的东西，他对自己的现状满意极了。他买了一头毛驴，配上全新的皮鞍，拴在了他新盖的两层楼旁。

他还买了亮闪闪的新衣服，在饭馆里吃着可口的食物。村民尊敬地称他为布鲁诺先生。他常坐在酒吧里，掏钱请大家喝酒。

当布鲁诺晚上和周末在吊床上悠然自得时，柏波罗却还在继续挖他的管道。头几个月里，柏波罗的努力没有多大的进展，但柏波罗不断地提醒自己，实现明天的梦想是建立在今天的努力上面的。一天一天过去了，他继续挖……

“短期的痛苦带来长期的回报。”每天的工作完成后，筋疲力尽的柏波罗跌跌撞撞地回到他那简陋的小屋时，他总是这样提醒自己，“自己是在为梦想而努力。”他通过设定每天的目标来衡量自己的工作成效。他这样一直坚持下来，因为他知道，终有一天，回报将大大超过此时的付出。

就这样一天天、一月月地过去了。终于，完工的日期越来越近了。

现在，柏波罗有了更多的休息时间，他看到老朋友布鲁诺还在费力地运水。布鲁诺的背驼得更厉害了，并由于长期的劳累，步伐也开始变慢了。

当布鲁诺进到酒吧时，酒吧的老顾客们都窃窃私语：“提桶人布鲁诺来了。”当镇上的醉汉模仿布鲁诺弓腰驼背的姿势和他拖着脚走路的样子时，他们都咯咯地大笑。布鲁诺不再请大家喝酒了，也不再讲笑话了。他宁愿独自坐在漆黑的角落里，被一堆空酒瓶包围，他已经没有了梦想。

柏波罗的重大时刻终于来了——管道完工了！村民们簇拥着来看水从管道中流到水槽里！现在村子里有源源不断的新鲜水了。附近其他村子里也有人纷纷地搬到这个村子里来了，这个村子就发展和繁荣起来了。

这是个意大利版的“愚公移山”的故事。我们为许多人缺乏远见而感到悲哀。但现实让我们又不得不承认，大多数人只满足一个“提桶”的生活，只有一小部分人敢做建造管道的梦。你是谁？提桶者还是管道建造者？永不满足的进取心在这其中起着决定性的作用。

记住，只有那些不满足于现状，渴望着点点滴滴的进步，时刻希望攀登上更高层次的人生境界，并愿意为此挖掘自身全部潜能的人，才有希望达到成功的巅峰。

你若不坚守，梦想谁替你实现

梦想并非臆想，更非幻想。梦想就像是一盏明灯，在人生的前方为我们指路，引领我们不断走向辉煌。我们所需要做的就是坚守梦想，努力去实现梦想。

周星驰的《西游降魔篇》相信大部分人都看过，这部片子讲述了玄奘降魔的经历。玄奘没有任何本领，却有一个宏大的梦想——感化所有的妖怪。他一直声称自己是驱魔人，在降魔的过程中，也曾怀疑自己的能力，可师父却告诉他，其实你差的只是一点点。于是玄奘问师父，一点点是多少。师父始终说，就那么一点点。

其实，师父这里所说的“那么一点点”，是指玄奘缺少的只是那么一点点勇气、一点点努力和一点点决心。只要你对自己有信心，只要你肯放开手大胆地去做，坚持走下去，你终会看到天边升腾起美丽的彩虹。

每个成功人士在回首过往那些受过的伤、流过的泪、热血奋斗过的时光时，都会发现，这些痛苦的坚守，最终都是在帮助自己实现梦想。

说到希尔顿，人们会自然而然地联想到希尔顿大酒店。康拉德·希尔顿所创立的希尔顿国际酒店集团，在全球拥有数百家酒店，资产总额达数十亿美元，每天接待各国旅客数十万计，年利润数亿美元，雄居全世界各国酒店榜首。然而，也许没有人会想到，希尔顿刚刚涉足酒店业时，手头只有5000美元。

“你必须坚守梦想！”希尔顿在晚年的自传中揭开了自己成功的秘密，“我认为，完成大事业的先导是伟大的梦想。”“我所说的梦想和空想是截然不同的。空想是白日做梦，永远难以实现。我所说的梦想是指人力可及，以热诚、精力、期望作为后盾，一种具有想象力的思考。”

希尔顿一直都拥有梦想，更在追求梦想的路上执着坚守、勇往直前。在梦想的激励下，他坚定不移，一步一步地攀上事业的巅峰，最终创立了全球性的“酒店帝国”。

希尔顿的性格受到了父亲敢想敢闯精神的影响。希尔顿的父亲从小就心怀大志，渴望成功，他年轻时凭着自身巨大的勇气和开创事业的精神，带着微薄的积蓄，孤身到偏远的西部跑起了买卖。后来，他开起了商店，收购了煤矿，还开过旅馆。

在父亲的影响下，希尔顿从小就有很大的抱负。年轻气盛的希尔顿的第一个伟大梦想是开一家银行，成为一个银行家。他总是充满自信地告诉自己的父母，自己要开三四家银行。1913年9月，他将自己的梦想付诸实施。

为了实现自己的梦想，他东奔西跑，好不容易筹到了自建银行的一笔资金。可是，在第一次股东会议上，他却遭到排挤——希尔顿没能成为银行的高管。不过，他并没有放弃，而是继续向着梦想前进，终于在一年后成为该银行的副董事长。从某种程度上来说，此时的希尔顿其实已经成功了。

谁知好景不长。1917年，美国卷入了第一次世界大战，希尔顿也应征入伍。这场意料之外的战争中断了希尔顿银行家的生活，同时也改变了他的未来。两年后，希尔顿的父亲遇车祸身亡，家庭状况也因经济危机出现困难，希尔顿退伍回家。

子承父业，希尔顿继承了父亲留下来的一家经营惨淡的小旅馆。这时候，希尔顿想彻底改变家里的状况，可家里只剩下 5000 美元的积蓄。在母亲的鼓励下，希尔顿只身来到因发现石油而富饶的得克萨斯州，他马不停蹄地连续跑了三个城镇，想在那里收购一家银行，可是他询问了十几家银行，得到的回答要么是不卖，要么就是坐地起价。希尔顿碰了一鼻子灰，也吃了多次“闭门羹”。希尔顿黯然地走到马路对面的一家名为“莫布利”的旅馆准备投宿。

幸运的是，就在那里，希尔顿得知了一个让人觉得激动的消息。原来，莫布利旅馆的老板想把这家人满为患却赢利很少的旅馆进行出售。此时，很多人都觉得在得克萨斯州只有做与石油有关系的生意才最赚钱，谁也不愿意接手这样一家费神还赚不到多少钱的旅馆。

希尔顿却好像发现了一块新大陆，决定要买下这个旅馆。经过一番讨价还价，卖主最终同意以 4 万美元将旅馆卖给希尔顿。可是，希尔顿此时手上只有 5000 美元。顶着可能赔本的风险，希尔顿立即开始四处筹钱，最终成为旅馆的新主人。

希尔顿明白，梦想成真必须付出艰苦的努力。在当上莫布利旅馆老板之后，他经过不断地思考和摸索，对旅馆进行了有效的改造，把有限的空间巧妙地加以利用，使旅馆在原有的空间里产生出最大的效益。接着，希尔顿又引进了他在军队中训练出的团队精神，即荣誉感加上奖励，把旅馆的效益好坏和每一名员工联系起来，并直接和员工的经济效益挂钩，从而大大激发了员工的工作热情。

在这样的整改下，莫布利旅馆的营业额日日攀升。很快，希尔顿就与人合伙买下了华斯堡的梅尔巴旅馆、达拉斯的华尔道夫旅馆。希尔顿的旅馆业开始正式踏上征程。但在相继购买了几家二手的旅馆之后，希尔顿内心萌发出一个更伟大的梦想——他要建造一个属于自己的新旅馆。

可是，当时希尔顿手头只有 10 万美元，而盖一座投资 100 万美元的新旅馆简直难比登天。希尔顿决定冒这个风险，他看中了达拉斯市中心的一块地，经过谈判以每年租金 3.1 万美元、租期 99 年的约定租下了这块地产；接着，又以这块地产作抵押筹集贷款。

1925 年 8 月 4 日，达拉斯希尔顿大酒店终于落成。随着事业有了新进展，希尔顿又开始了新的梦想之旅。1926 年的一天，希尔顿指着报纸上一大堆的地名对妻子说：“我要在这些地方都建起酒店，一年建一家。”果然，到了 1928 年圣诞节，也就是希尔顿 41 岁生日那一天，希尔顿的梦想实现了——他所指的报纸上的那些地方，全都竖起了希尔顿酒店的大招牌，并且速度大大超过了原来设想的一年一家酒店的计划。

希尔顿的梦想继续壮大着，他成立了希尔顿酒店公司，把所有的连锁店统一起来。他决心向更广阔的世界扩展，但是此时雄心勃勃的希尔顿怎么也不会想到，这个决定给他带来了一场空前的大灾难。

20 世纪 30 年代，美国出现经济危机。这场经济危机疯狂袭来，使正处于事业巅峰的希尔顿也感到自己正不断坠向深渊。尽管如此，希尔顿并没有退缩，而是在自己的梦想的指引下，顶着强大的压力继续前进。

当时，美国大部分旅馆都难逃破产倒闭的噩运。尽管希尔顿善于经营，使他的 8 家旅馆保全了 5 家，却也同样陷入了资金周转不灵的困境。当律师私下与他商量要他宣告破产时，他坚决拒绝。希尔顿依然坚持，他不断鼓励员工发扬集体合作精神，共渡难关。

1931 年是希尔顿一生中最悲惨的一年。希尔顿在迫不得已的情况下，拿几家希尔顿酒店作抵押充债款。那时候，希尔顿几乎一无所有，甚至连家人的安身之处也都攥在别人手中。后来，希尔顿曾这样描述 1931 年的经历：“也许高山摇摇欲坠，但我依然满怀希望，因为我不愿放弃自己的梦想。”

靠着对梦想的渴望，希尔顿艰难地渡过了人生中最灰暗的一段时间。到了 1936 年，希尔顿拥有的酒店又恢复到了 8 家。这并没有使希尔顿感到满足，反而更加激发了他实现梦想的野心。在以后的数年中，他又收购了多家知名的大酒店。

希尔顿实现了自己独霸旅馆业的梦想，成了名副其实的美国“旅馆大王”。这时，他的目光已经超出了美国。他成立了国际希尔顿酒店有限公司，将自己的产业扩展到了世界各地。“希尔顿”如今已遍布全球，成了名副其实的“世界旅馆之王”。

只要有梦想，肯拼搏，不退缩，就一切皆有可能。坚守自己的梦想，千万不要后退。困难是梦想门前的看门狗，你逃得越急，它便追得你越紧。前方的路上虽然充满了无尽的艰难，但只要勇于向它们发起挑战，它们就会缴械投降。

走对自己脚下的路，不要太在意别人怎么看

一生那么短，人应该为自己而活，这不是让你完全不在意别人怎么看，但最重要的首先还是走对自己脚下的路。

在我国古代，有一位小有名气的画家。一天，他突然冒出一个主意，想画出一幅谁见了都喜欢的画。画完画后，画家拿着它到市场上去展出。他特意在画旁放了一支笔，附上说明：每一位观赏者，如果觉得此画还有需要修改的地方，就请在相应之处做上记号。

这样做的结果令画家很惊讶，因为他发现整个画面竟然被涂满了记号，画家很不解，以自己的实力不至于受到这么多批评吧？他开始怀疑自己的能力。在苦思冥想之后，画家决定换一种方法再试一次。于是，他又画了一张同样的画，然后换了个较远的市场继续展出。不同的是，这一次，他要每位观赏者指出的不再是不好的地方，而是请每一位观赏者在自认为精彩的地方做上记号。

结果再次令画家感到惊讶，那些原先所有被否定指责过的地方，现在也都被做上了标记，不过这次是赞美的记号。

最后，画家充满感慨地说：“我现在终于明白了一个道理，那就是：在任何时刻都要相信自己，不要太在意别人的看法，因为别人的看法永远是别人的看法，有赞美就会有批评，谁都无法让所有人都满意，重要的是有自己的主见。”

如果一个人的行动完全取决于别人的看法，他就会失去自我，成为别人意愿的奴隶。请坚持你的主见，切莫让别人的建议反客为主，取代了你的主见！

活着应该是为了充实自己，而不是为了迎合别人的旨意。

从前，有一个士兵当上了军官，心里甚是欢喜。每当行军时，他总喜欢走在队伍的后面。

一次在行军过程中，有人取笑他说：“你们看，他哪儿像一个军官，倒像一个放牧的。”

军官听后，便走在了队伍的中间，有人又讥讽他说：“你们看，他哪儿像个军官，简直是一个十足的胆小鬼，躲到队伍中间去了。”

军官听后，又走到了队伍的最前面，有人又挖苦他说：“你们瞧，他带兵打仗还没打过一个胜仗，就高傲地走在队伍的最前边，真不害臊！”

军官听后，心想：如果什么事都得听别人的话，估计自己连走路都不会了。从那以后，他想怎么走就怎么走了，再也不理他人怎么说了。

我们每个人绝不可能孤立地生活在这个世界上，几乎所有的知识和信息都要来自别人的教育和环境的影响，但你怎样接受、理解和加工、组合，是属于你个人的事情，这一切都要独立自主地去看待、去选择。谁是最高仲裁者？不是别人，而是你自己！歌德说：“每个人都应该坚持走自己开辟的道路，不被流言所吓倒，不受他人的观点所牵制。”让人人都对自己满意，这是个不切实际的期望。

如果你期望人人都对你看着顺眼，你必然会要求自己面面俱到。可是，不论你怎么认真努力去尽量适应他人，能做得完美无缺，让人人都满意吗？显然不可能！这种不切合实际的期望，只会让你背上一个沉重的包袱，顾虑重重，活得太累。

所以，千万不要拿别人的标准来衡量自己，更不要用别人的错误来惩罚自己。纵使他人议论纷纷，但只要你认为自己是对的，就应该坚持走下去。

第十二章

学会取悦自己，去过更有趣的生活

正视自己，才能了解自己是怎样的人。我们都想拥有一个更好的自己，与其带着负面情绪的镣铐上路，一味抗拒，不如与自己和解，学会取悦自己，去过更有趣的生活。因为人生路上，你永远不会失去的只有自己。

取悦别人不如快乐自己

觉得生活压抑，往往是因为我们忙着取悦别人，却忘了让自己快乐。我们做了很多事情让别人高兴，却忘了这些事情能否先让自己愉悦。

记得刚参加工作那会儿，有一天，我在北京海淀的街头等公交车去看望老同学。站在我身旁一起等车的是一位高鼻梁、白皮肤的年轻老外，估摸着应该是个留学生。等车的时间有点长，可能为了打发时间，老外转头和我闲聊，问我做什么工作。因为生活中和老外接触得不多，我当时一紧张，就完全忘记了我的工作用英语该怎么说，因此结结巴巴地答不上来。

让我气愤的是，就在我满脸通红、结结巴巴的过程中，那个老外居然用十分鄙夷的眼光和脸色斜眼看着我，并用蹩脚的中文冷冷地撂下一句话：“你没读过大学吧？”从那天之后，我就发誓要好好地把英语口语学好，不过，那时我还没有领悟到如何正确应对这种事情的“态度”。

刚工作的时候工资低，上班和住的地方需要转一趟车，为了省钱，我每次都只是坐一趟车，另一段有三四站的路程，我都是步行。在这段路上，有一间十分高档的服装店，每天路过的时候，我都会“瞻仰”那家服装店漂亮的橱窗和里面所陈列的衣服，这是当时刚步入社会的我的一个小小的虚荣的梦想。

有天下班回住处时，我欣喜地发现这家服装店挂出了换季打三至五折的告示，我毫不犹豫地走进了这间服装店。店里除了左右两排吊挂的衣服之外，店中央还摆了两个堆满衣服的推车，许多男孩、女孩已经在那里挑选并试穿衣服。我有些紧张地走近推车，看了看价格牌子，怯怯地拿起一条长裤，略带不自信地询问店员我是否能试穿。

试穿后，那条长裤并不合身，我因此又拿了另外一条，可惜还是不合身。就在我伸手从推车里准备拿第三条长裤时，那位售货员竟当着众人的面挡住了我的手，冷冷地说："你不可以再试穿了！"

我当时只觉得全身的血液都冲到了脸上，我冲动地花了 300 元买下了这条裤子，然后几乎是脚不着地的逃离了服装店。

带着被羞辱的心情离开了那家商店之后，老天似乎也在嘲笑我，下起了毛毛细雨。在我一路跑回住处的路上，和着雨水，我虽未哭泣，心却是冰凉冰凉的。

为此，我所付出的代价是，连续两个星期的晚餐只吃得起两三元钱的面条！现在的年轻人可能不太相信，可当时的情况确实如此，每月不到 2000 元的实习工资，交了房租水电，剩下一半多，再加上杂七杂八的费用，我每月的吃饭费用也就 300 元钱左右。

当天晚上，心情稍微平复之后，我躺在床上强迫自己回想下午的过程，强迫自己找出问题的原因：为什么别人都可以一再试穿，而我却不能？为什么服务员敢用这种态度来对待我？

最后，我明白了。因为是我"允许"她这么对待我！因为我的态度、我的神情、我的举止，告诉她："你可以轻视我！"

这件事情之后，我从疼痛中学会相信自己和肯定自己的重要，也领悟到，在平衡的人际关系中得先学会取悦自己，再取悦别人。

其实，生活就是如此，我们不能总是为别人而活。不需要为了别人的评价就急着否定自己，也不需要因为别人的否定就急着改变自己。有时候，别人所说的并不是都正确，我们要做的是思考这些评价中哪些是正确的，哪些是错误的，正确的就听，错误的听过就算，而不是盲目地听从。正如一位名人所说：“镜子很脏的时候，我们并不会误以为是自己的脸脏；那为什么别人随口说出糟糕的话时，我们要觉得糟糕的是我们自己？”

我们要懂得坚持自己的想法，适时地肯定自己，满足一些心底的愿望，让自己活得快乐一些。

和繁重的工作一起修行

把工作当作一场修行，全心投入，不计报酬，任劳任怨，忘我努力，那么你的付出就远比你获得的报酬更多、更好。

大部分人的人生都几乎有一半时间是需要投入到工作中的，工作也是我们整个生命存在的一种表达。

我们生活的时代和环境，想找一个好工作并不容易，但我们应该知道，幸福不仅仅在于拥有一个收入的来源，同时也在于拥有一份可以培育喜悦、对社会和他人都有用的工作。

无论从事什么工作，我们都可以努力去修行自己的身心。有句话说："身在公门好修行"，为什么一个人在公家机关，或是做政务官的时候，是最好的修行时机？因为，如果在法令上、政策上、执行上的方针能够多动一下头脑、多说一句恰当的话，就能够使千万人得到利益，那就是修行了。

对我们一般人来说，在自己的工作岗位上认真负责，工作就是工作，不要一边工作一边埋怨、发牢骚。这样不仅是敬业，也同样是修行。反之，如果懈怠草率，做任何事都觉得无聊，就不是修行了。这与我们工作的时候讲求敬业乐群，跟大家在一起的时候讲求同舟共济是相同的。因此，在工作中修行的基本观念，就是全心全意地投入。

当一个人全心投入他的工作时，你可以一眼看出来。他非常投入，其表现出来的自发性、创造性、专注和谨慎，十分明显。而这在那些视工作为应付差事、乏味无聊的人那里，是根本看不见的。

一些职员拖拖沓沓似乎连走路都费很大的劲，让人觉得，对他们来说，工作是一个沉重的负担。他们讨厌自己的工作，希望一切都快些结束。他们根本就不明白，为什么别人能充满热情、干劲十足，他们自己却总是觉得什么都单调乏味。看着这样的职员干活，简直就是受罪，他们对什么事都感到厌烦。那些充满乐观精神、积极向上的人，做什么事都有一股使不完的劲，神情专注，心情愉快，并且主动找事做，期望事业越做越好。对工作的不同态度，或一心一意，或三心二意，或充满热情，或不冷不热，或专注投入，或冷漠淡然，其最终的结果存在着天壤之别。

每一个老板自然而然地觉得，勤勤恳恳、全神贯注、充满热情的员工更有价值。这些员工的积极心态也常常感染上司。上司也知道，这样的下属在尽力帮助自己，并且对那些喜欢逃避责任的员工也是一种激励。另一方面，在那些冷漠、粗心大意、懒惰的员工的影响下，领导者自己也觉得压抑，容易对工作失去信心，形成一种随遇而安的心理。因此，他会自觉地与有良好心态的员工在一起，关心他们的生活，对那些不专心工作、开脱责任、不注重实绩的员工，有一种本能的排斥心理。

100 多年前，有一个家住罗德岛的人，他殚精竭虑，准备砌一堵石墙，就像一位大师要创作一幅杰作一样，其专注程度甚至有过之而无不及。他翻来覆去地审视着每一块石头，研究这块石头的特点，思考如何把它放在最佳的位置。墙砌好以后，他站在附近，从不同的角度，细细打量，像一位伟大的雕刻家，欣赏着粗糙的大理石变成的精美塑像，其满足程度可想而知。他把自己的热情都倾注到了每一块石头上。每年，到他的农庄参观的人络绎不绝。他也很乐意解说每一块石头的特点以及自己是如何把它们的个性充分展现出来的。

你会问："砌一堵石墙有什么意义呢？"这堵石墙已经存在了一个多世纪，这就是最好的回答。

当然，除了在工作中修行，我们也可以利用工作之余，做比较专门的、持续的修行，寻找内心的愉悦，以达到工作中的修行与工作外的修行相辅相成的目的。

为你的生活开一张良方

主宰生活的永远是自己，自己的心态为自己所有，自己一定要凭借自己的力量好好地生活。

如果不能调节自己的生活，那么你即使物质再富有，事业再成功，也可能不会快乐。因此，我们有必要给自己的生活找一种“灵丹妙药”，让自己获得一种良好的心态，美好而快乐地生活。

那么，怎样让自己的生活变得更加美好呢？最佳的做法便是给自己开一张生活目标的处方，然后为之去努力。具体一点的话，你不妨这样去做。

做一次精神旅行

精神旅行可让人忘却世事，和自己的内心进行交流。这种“旅行”由来已久，并且人人都能实行。实际上，它不仅能帮助你摆脱萦绕于心的思虑，而且能帮助你很快进入梦乡。它也能教你如何接受、享受情绪，而不是和情绪作对，忧伤来了又去了，唯我内心的平静常在。

学会忘记悲伤

一个特别多情的男子，有一个算不上漂亮但很有魅力的妻子，夫妻俩卿卿我我，生活美满。然而好景不长，在一次车祸中，他的妻子命丧黄泉，腹中还带着他们爱情的结晶。好日子从此离开了他——尽管他又娶了一个漂亮可爱的姑娘，但是每当他一回到家里，那位逝去的妻子就占据了他的整个身心。

第二个妻子终于也离开了他。

我们大家也都一样，总也忘不了过去的难堪与悲剧，一直生活在“我是不幸的”“我是个倒霉汉”“我是个苦命人”的阴影中。但是，我们为什么不常常想想自己过去的快乐和成功呢?

给自己一点儿奖励

自我报酬，有别于一般的自我陶醉。实行自我报酬需要正确评估自己的气质和目标的关系，并借此强化你希望强化的人格。如果你对自己的所作所为的判断，显示出你与你拥有的气质相匹配，那就意味着你告诉自己：“我的确做得很好”或“那是一个好主意”。你的内心会被这种内在的诠释所激励，你将感到满意，甚至得意。

不要得不偿失

我们很多人，在面临选择时，常常迷失自己。本来，他应该在下一个十字路口向西走，但到了十字路口，却因见东边的马路上车水马龙、人头攒动，也跑过去凑热闹。其结果是，他以持久不渝的快乐换取了暂时的满足。

寻找一条新的出路

现在，许多人纷纷离开既定的圈子，去寻找新的职业、新的满足。一个医生最近离开了医院，当上了作家，他的动机并不是追求金钱，和大多数人一样，他只是厌倦了手术刀，想换换口味。如果你具有丰富的想象力和冒险精神，或觉得在现在的岗位上力不从心，那么，也不妨换换环境。

别把目光停在表面上

很多人对自己现在的工作总有很多的不满和抱怨，经常牢骚满腹，却不懂得如何利用机会好好充实、锻炼自己。采取消极的态度，不但对事业，而且对生活都有负面的影响。其实，表面上的“运气好”“运气不好”“有利”“不利”等，本身并无很大的意义。只有懂得超越表面价值的人，才拥有真正的大智大慧，才能把坏事变为好事，不被表面价值的陷阱所引诱。

在行善中体会纯粹的快乐

行善是发自内心的一种行为，经常行善的人往往有一种发自内心的快乐。

具有善良之心，多行善举，不仅助人，也能使自己获得快乐。正如一句名言所说；“一种纯粹的快乐，只有在行善时才能得到。”

国外一些调查资料也证明，善良的人乐观向上，喜欢微笑，会把时间用在助人等快乐的事情上。而不善良的人常对他人怀有恶意，把时间放到算计他人上。因此，不善良的人要比善良人的生活质量低很多。

行善的快乐在于时刻想着别人。

来看这样一则故事：一对善良的夫妇在路边开了一家小杂货店。开业伊始，这对夫妇便在店前竖起一块招牌，上面写着：“天长地远，本店免费供君饮水。”过往行人看到此牌，大多停下来，到店里喝口水，歇歇脚。

虽是淡水一杯，但人们喝完后，出于感激，每每从店里买点东西带走。这样，杂货店一天天红火起来，很快发展成了一个百货商店。

不难看出，虽然行善者的初衷不图回报，但行善本身如同播种一样，收获是在必然之中，而其中最大的收获不是物质上，而是精神上的快乐。

行善不仅能体味纯粹的快乐，而且能为自己的人生储蓄福报的资本。

第二次世界大战时，欧洲战场打得异常惨烈。有一天，大雪纷飞，滴水成冰，盟军最高统帅艾森豪威尔将军乘车回总部参加紧急军事会议。

就在这时，将军看到一对法国老夫妇坐在马路旁边，冻得瑟瑟发抖。他立即命令身边的翻译官下车了解详情。一位参谋急忙阻止说："我们得按时赶到总部开会，这种事还是交给当地的警方处理吧！"

艾森豪威尔坚持说："等到警方赶到的时候，这对老夫妇可能早已冻死啦！"

原来，这对老夫妇准备去巴黎投奔自己的儿子，但因为车子抛锚，前不着村，后不着店，正不知如何是好。

于是艾森豪威尔立即把这对老夫妇请上车，特地绕道将这对老夫妇送到家后，才风驰电掣般地赶去参加紧急军事会议。

助人的双手比祈祷的双唇更神圣。艾森豪威尔的善心义举得到了意想不到的巨大回报。原来，那天几个德国纳粹狙击手虎视眈眈地埋伏在艾森豪威尔原来必经的那条路上，如果不是因为行善而改变了行车路线，将军恐怕就很难躲过那场劫难。

过分享乐是一场灾难

险情环生时人们能睁大眼睛去拼搏，因此化险为夷；安逸享乐中却易使人意志消退，锐气全无，结果一败涂地。

正所谓“生于忧患，死于安乐”，逆境催人警醒、激人奋进，安逸优越的环境则容易使人消磨意志、耽于安乐，一心只追求舒适，常常一事无成。有的人甚至在安逸中沉溺酒色，走向自我毁灭之路。

这方面的例子最典型的莫过于闯王李自成了。

1644年春，闯王攻入北京，自以为天下已定，大功告成。他下面那些农民出身的将领也把起义时的气魄丧失殆尽，只图在北京城中享受安乐，“日日过年”。李自成想早日称帝，大将牛金星想当太平宰相，其余诸将则忙着营造府第。明朝剩余武装卷土重来，清兵也杀入关内，安于享受的起义军自然一败涂地。这正如欧阳修说的“忧劳可以兴国，逸豫可以亡身”。

《礼记》说：“快乐不可以过度，欲望不可以放纵。”这就是告诫人们不要耽于享受，尤其不要过分享受。

过分享乐，实际上是一场灾难，一场可以给人招来灭顶之灾的灾难。

有一只老鼠在不断寻找后，发现了一个藏有奶酪片的玻璃瓶。玻璃瓶的瓶口被主人用塑料纸盖着，瓶口上压了一本薄薄的书。显然，主人对老鼠的防备并不是很仔细。

这只老鼠在发现奶酪瓶的第一天晚上，并没有急于去窃取奶酪片，而是趁主人不注意，观察了这所房子的每一个房间，摸清了可以藏身、可以逃走的线路。

第二天晚上，精明的老鼠仍然没有行动，它再次观察了这所房子周围的环境，除了见到几只趴在狗舍里难得走动的狗外，老鼠并没有发现它的死敌——猫。

第三天白天，老鼠趁着这家主人上班之际，终于向藏有奶酪片的玻璃瓶发起了攻击，并轻而易举地掀开了薄薄的书本，那塑料纸更是不在话下，一撕就掉了。这只老鼠从玻璃瓶里窃取了足够它吃上两三天的奶酪片。

这样的日子持续了几天，每天老鼠总是会在这家主人离家后，去玻璃瓶里取些奶酪片放回它的窝里。

直到有一天，精明的老鼠发现这家主人一连两天都没有回家。于是，胆大妄为的老鼠放松了警惕。“既然屋子里没人，我何不就在玻璃瓶里享受奶酪，这样也省得我一趟一趟搬运。”老鼠心里想。

从那天以后，老鼠就住进了玻璃瓶。它肆无忌惮地享受着玻璃瓶里的奶酪片，每次在饱餐后就蹿出玻璃瓶在房间里散散步，累了就回到玻璃瓶享受奶酪。奶酪在一天天减少，这惬意的生活已经让老鼠忘了潜在的危险。

在玻璃瓶里的奶酪只剩最后几片的时候，房子的主人回来了。惊慌失措的老鼠赶忙往瓶外蹿，可它突然发现，它怎么也蹿不出玻璃瓶了。原来这些日子，随着奶酪的减少，瓶底到瓶口的高度超出了老鼠能跳起来的最大高度，再加上这些日子老鼠的体重较以前有所增加，老鼠已经无法逃出玻璃瓶了。

最后，这只老鼠眼睁睁看着要命的铁钳伸向了自己……

过于舒适的生活方式、生存环境，让老鼠命丧黄泉。人也同样如此，安逸的生活，只会腐蚀我们自己，让我们在温柔乡中毁灭自己。每个人都喜欢安逸享受，但必须节制。

生活要讲究，别轻易将就

精致、有趣的生活需处处用心，能讲究的地方，绝不要随便将就了事。

美国总统林肯的一位朋友向林肯推荐一个人做阁员，林肯却没有用他。朋友问原因，林肯回答：“我不喜欢他那副长相。”朋友不理解，说：“这是不是太严厉了？他不能为自己天生的面孔负责呀！”林肯说：“不，一个人到一定年龄就该对自己的脸孔负责。”林肯的意思是说，人的脸孔固然是天生的，表情、神态却反映着一个人的内在气质。精于一艺或是专注于某种事业的人，他们的容貌自然具有凡庸之士所没有的某种气质与风格。而要具有这种气质、风格或品位，就要注意在加强道德修养和文化学习的同时，从日常生活中一点一滴的小事做起，严格要求自己，做到讲究而不将就。

德国作家施瓦布说：“一个人的品格，犹如一朵花的芳香。”我们要细心地呵护和培养自己高雅的品位，让它散发出芬芳。而这绝不是穿金戴银，啜几口上好咖啡，或开一辆大奔，出入几趟五星级酒店就能实现的。一位智者说过：“人格无法在市场上买到，必须孜孜不倦地塑造。”一个人品位的形成，如同吃中药，是慢慢调理出来的。我们看古今中外那些有着高尚人格和不俗品位的人，都是十分注意这一“塑造”和“调理”功夫的。

有品位的人一定有优美的风度，但是，风度的优美没有固定的模式。

各种各样的风度，有各种各样的优美。有的热情，有的文静；有的果断，有的谨慎；有的敏捷，有的庄重；有的温文尔雅，有的秀丽端庄；有的脉脉含情，有的含蕴深沉。

一身名牌并不是品位，品位蕴涵在我们日常生活的精致中，而生活中的精致无处不在。

读大学的时候，朋友的寝室里有一个从遥远的山区来的青年叫陈海。据说，他要是回一次家，得先坐火车，再坐汽车，之后是马车，之后是背包步行……他的家是常人无法想象的那么僻远。

彼此都很熟了以后，他给我们讲他母亲的故事。透过他的讲述，我们看到了一个在困窘环境中生活着的瘦削美丽的母亲形象。她经常说的话是："生活再简陋，也要有讲究，不能将就着过。"她给孩子做白衬衫、白边儿鞋，让穿着粗布衣服的孩子们在艰辛中明白什么是整洁有序。他说，母亲的言行让他和他的兄妹们知道，粗劣的土地上一样可以长出美丽的花。受母亲这种思想的影响，他的生活虽贫穷但很精致。

和陈海相比，我的那位朋友是在富裕家庭里长大的。他的父母生了三个孩子，只有他一个男孩。他来上大学，他的母亲一下子给他买了 10 套衣服，可是，没有一件被他穿出点儿模样来。他总是随随便便地一扔，想穿了就皱巴巴地套上，头发总是在早晨起来时变得"张牙舞爪"，怎么梳都梳不顺。"一切都乱了套"是他最习惯说的一句话。他总也弄不明白，住对床的室友怎么每一天的日子都过得有滋有味。他的床上，横看竖看都是乱，而对面那张床上洗得发白的床单总是铺得整整齐齐。

通过这个例子不难看出，讲究只在于我们的思想和习惯，而不在于客观环境的优劣。点点滴滴的生活中，每一份讲究，在融入一个人的血液、生命、言行之中后，就形成高洁的品位，就显出非凡的教养，就透出迷人的高贵。

给身心放个假，在山水中回归自然

人生短暂，转瞬即逝。在有限的岁月里可以借出游增长见闻，充实知识，扩大我们的生活领域。

在很多人幻想的美好画面中，我想，总会有一个是贴近大自然的：站在群岭之巅，享受“一览众山小”的景致；驰骋在茫茫草原，引吭高歌“唱出心中喜悦”；住在乡间小舍，回味“采菊东篱下，悠然见南山”的闲适安宁……

这些与自然息息相关的美好，无不让人心生向望。

记得上大学的时候曾经去过北京怀柔的一个郊区的小山村旅行，现在回想起来，仍觉得无限怀念那里的生活。石头墙、砖瓦屋顶、石板路、古井、古树、葫芦藤架、深巷、狗吠——一个几乎与世隔绝的小村子。村子里的老人们忙完家事，摇着蒲扇聚在村里的河沟边，坐在门前的石阶上，用回腔转调的方言谈论着儿女、天气、收成，或者制作铁皮桶。孩子们则或聚在老人们周围大闹，或逗弄不知谁家喂养的小土狗。

我总感觉，这才是人类原本的生活，有可以遮风挡雨的住所，和喜欢的人一起简单纯粹地过属于自己的日子，足够幸福。

孔子说：“智者乐水，仁者乐山。”即便你不是仁者，也非智者，但你一样可以亲近自然。

当你实实在在地置身于这山山水水之中时，你恍然感觉从繁杂的社会现实生活中解脱出来，这时你的心灵融入到最清明的世界中，是最宁静的。心在自然中会感觉到伟大和力量，体验到的是一种深邃的宁静、一种自然的养分、一种人文的熏陶、一种景观的美感，获得的是淡泊清静的心境。我想，真正深受人文山水洗礼过的人，他的心灵一定是安然和谐的。

找一个时间，远离钢筋混凝土的城市，远离现代文明和舒适的度假地、宾馆和餐馆，寄情于山水，或坐下来，或悠闲地散步，全身心地接受你所看、所闻和所听到的东西，你会意识到自己是其中一部分，充分感受到宇宙的宁静、智慧和秩序。看看天空，想一想你可能看不到却知道它们存在的星星和所有其他星球。像它们一样，你在这个广阔的宇宙中有自己的位置。你开始有一种将此处当作家的归属感。如此，相信你一定会从中得到无与伦比的快乐。

寄情山水，除了能怡情，还能增智。

加深对地理环境的了解

寄情山水，总要找个去处，于是，我们会了解目的地的地理环境、气候、生态等。如果在游山玩水中能对当地有深刻的认识，能融入到内心里，那么，随着我们去的地方愈多，我们的视野愈开阔，我们的心灵愈舒坦。

加深对历史知识的了解

当我们寄情山水时，除了身心得到舒展，愉悦了心情外，还会获得相关知识。在我们游历山水之时，还可以增加自身的一些内涵，对一些历史文化进行探索，品评文化的价值，看出历史的意义。如站立在长城上，思考这个建筑修建的历史年代，它历经什么样的朝代……如果能进一步赏析其历史文化，那我们的生命就跟它连接了。

加深对风景古迹的感知

不论是选择生你养你的本地，还是执意去完全陌生的异地，沿途你一定要欣赏风景，听听鸟叫虫鸣，看看青山白云，这样可以激发活力，扩大视野，无形中让我们感染大自然美的气息。再看看世界的各大奇观，寻访名胜古迹，能引发吾人思古之幽情，让我们如置身古代，回到过去，体验过往历史的意境。

至于出游的人数，你可以选择如同徐霞客一样，独身徒步游山玩水；你也可以邀上三五个志同道合的“驴友”结伴而行。只要身心愉悦，就不用太在乎形式。